面向 21 世纪课程教材

普通高等教育"十一五"国家级规划教材

高校土木工程专业指导委员会规划推荐教材

土木工程制图习题集

（第三版）

卢传贤　主编

王广俊　汪碧华　韩太昌
周慧莺　张　竞　编

朱育万　主审

中国建筑工业出版社

图书在版编目（CIP）数据

土木工程制图习题集/卢传贤主编．—3 版．—北京：
中国建筑工业出版社，2007
面向 21 世纪课程教材
普通高等教育"十一五"国家级规划教材
高校土木工程专业指导委员会规划推荐教材
ISBN 978-7-112-09661-9

Ⅰ．土… Ⅱ．卢… Ⅲ．土木工程-建筑制图-
高等学校-习题 Ⅳ．TU204-44

中国版本图书馆 CIP 数据核字（2007）第 164222 号

面向 21 世纪课程教材
普通高等教育"十一五"国家级规划教材
高校土木工程专业指导委员会规划推荐教材

土木工程制图习题集（第三版）

卢传贤 主编

王广俊 汪碧华 韩太昌 编
周慧莺 张 竞

朱育万 主审

*

中国建筑工业出版社出版、发行（北京西郊百万庄）
各地新华书店、建筑书店经销
北京嘉泰利德公司制版
北京同文印刷有限责任公司印刷

*

开本：787×1092 毫米 横 1/16 印张：11 字数：268 千字
2008 年 2 月第三版 2011 年 11 月第十八次印刷
定价：**20.00** 元
ISBN 978-7-112-09661-9
（20889）

版权所有 翻印必究
如有印装质量问题，可寄本社退换
（邮政编码 100037）

本习题集是卢传贤主编《土木工程制图》的配套教学用书，是普通高等教育"十一五"国家级规划教材，适用于高等工科院校本科土建、水利类各专业图学课程的教学，也可供其他类型学校相关专业的教学选用。

本习题集的内容及编排与《土木工程制图》相配合，共分 15 章。习题数量略有富余，以便给教学留有选择的余地，也可对不同程度的学生进行因材施教。题目类型有需在习题本上完成的练习题、需在图纸上进行的作业题和需在计算机上实现的上机操作题。习题采用多样化的命题方式，改变单纯的作图题模式，以强调能力的培养。

本习题集由卢传贤教授主编，朱育万教授主审。

* * *

责任编辑：朱首明　吉万旺
责任设计：董建平
责任校对：兰曼利

目 录

1. 制图基本知识与技术 …………………………………… 1
2. 投影法和点的多面正投影 ………………………………… 9
3. 平面立体的投影及线面投影分析 ………………………… 14
4. 平面立体构形及轴测图画法 ……………………………… 42
5. 规则曲线、曲面及曲面立体 ……………………………… 55
6. 组合体 ……………………………………………………… 70
7. 图样画法 …………………………………………………… 98
8. 绘图软件 AutoCAD 的基本用法和二维绘图 ………… 114
9. AutoCAD 三维绘图 ……………………………………… 121
10. 透视投影 ………………………………………………… 128
11. 标高投影 ………………………………………………… 139
12. 钢筋混凝土结构图 ……………………………………… 146
13. 房屋建筑图 ……………………………………………… 150
14. 桥梁、涵洞、隧道工程图 ……………………………… 161
15. 水利工程图 ……………………………………………… 167

1. 制图基本知识与技术　　　　　　　　　　　　　班级　　姓名　　学号

1-1 长仿宋体写字练习。

土木工程制图房屋建筑铁路公桥梁隧道水

班级姓名审核日期比例校对

1-2 拉丁字母、阿拉伯数字写字练习。

1-3 长仿宋体写字练习。

利道路地下结构矿山城市交通规划园林天

大学院系东西南北中平立剖

1-4 拉丁字母、阿拉伯数字写字练习。

1-5 按指定线型补画各矩形和圆。

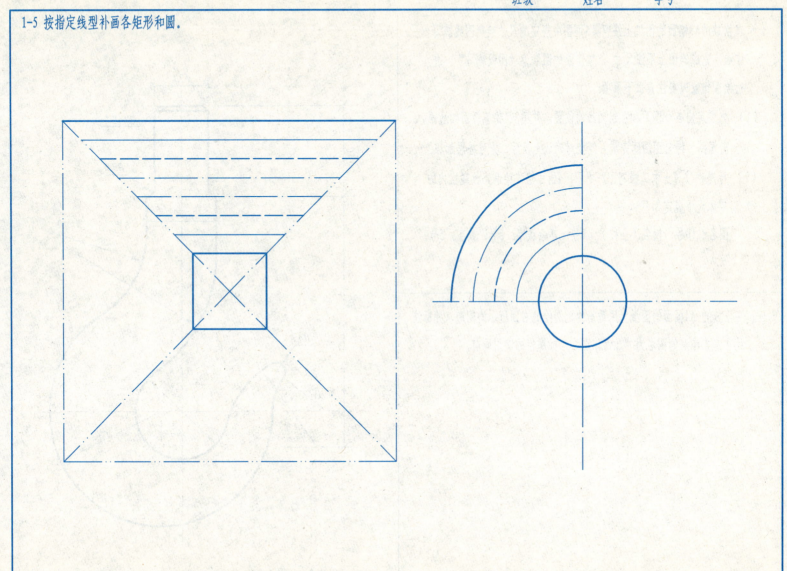

1-6 在横放的A3幅面的图纸上按照第5页图中规定的尺寸绘制图线练习作业，完成的图上不注尺寸。本作业的图名为"图线练习"。进行绘图作业时要注意以下事项：

（1）先要定出各个图形和各组图线的位置，并用3H铅笔轻而细地画出底图，待全图图底完成并经校对确认无误后，方可描黑加粗。

（2）标题栏按《土木工程制图》中图1-4所示格式绘制，标题栏内的字体大小规定如下：

图名：10号；校名（全称）：7号；其余汉字：5号；数字：5号。

1-7 在竖放的 A4幅面的图纸上用适当的比例绘制右面所示的图形，并标注尺寸。本作业的图名为"几何作图"，标题栏的使用同前。

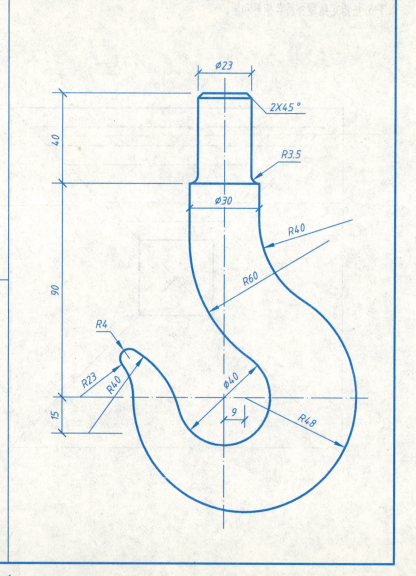

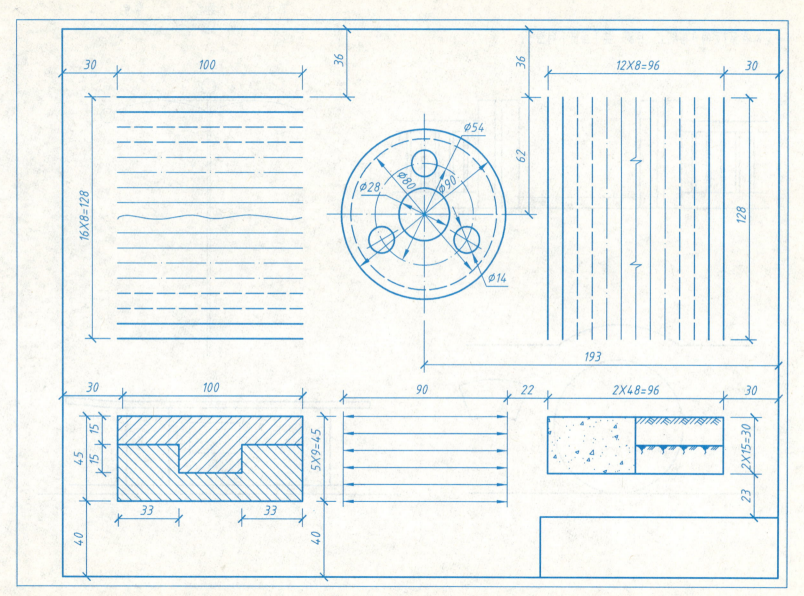

1-8 在第7页的方格纸上，目测、徒手画出下列图形。

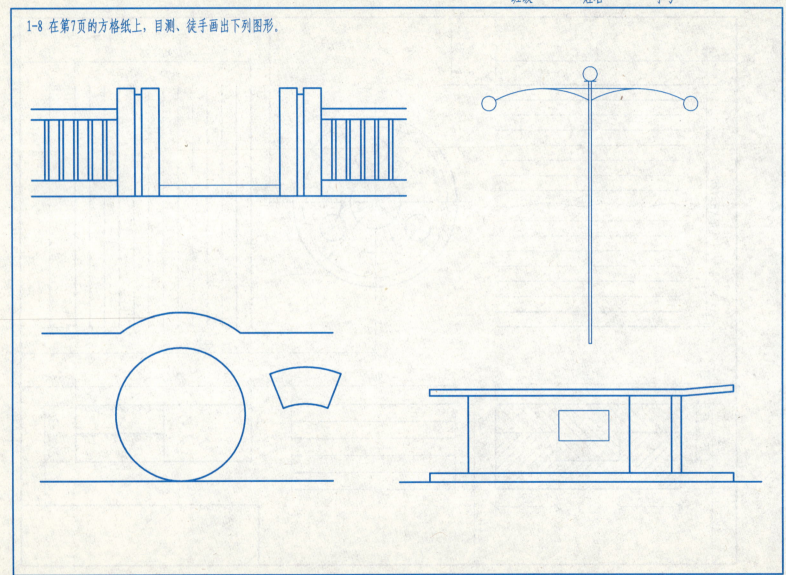

班级　　姓名　　学号

1-9 改正尺寸注写形式方面的错误：

(1)　　　　　　　　　　　　　　　　　(2)

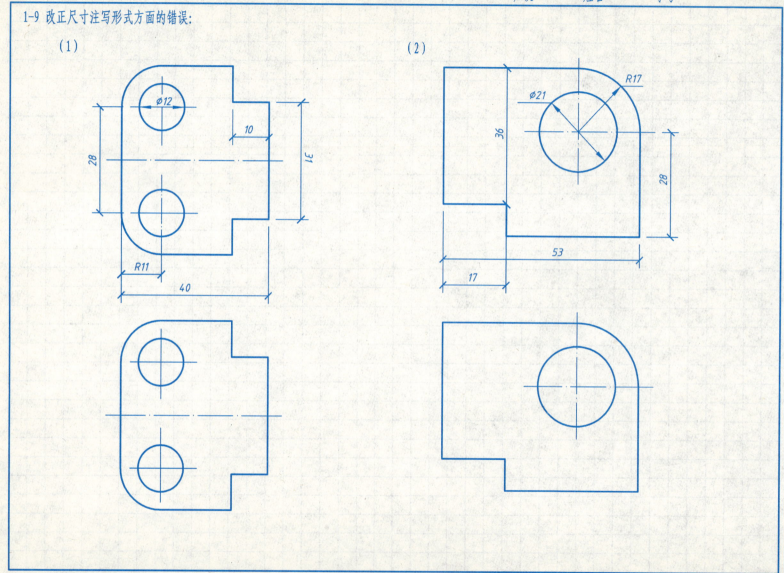

2. 投影法和点的多面正投影　　　　　　　　　　　　　班级　　　姓名　　　学号

2-1 找出与右边立体图对应的三面投影图，将其编号填入圆圈内。

2-2 已知 A、B、C 三点的空间位置，画出其两面投影。

2-3 已知 A、B、C 三点的空间位置，画出其三面投影。

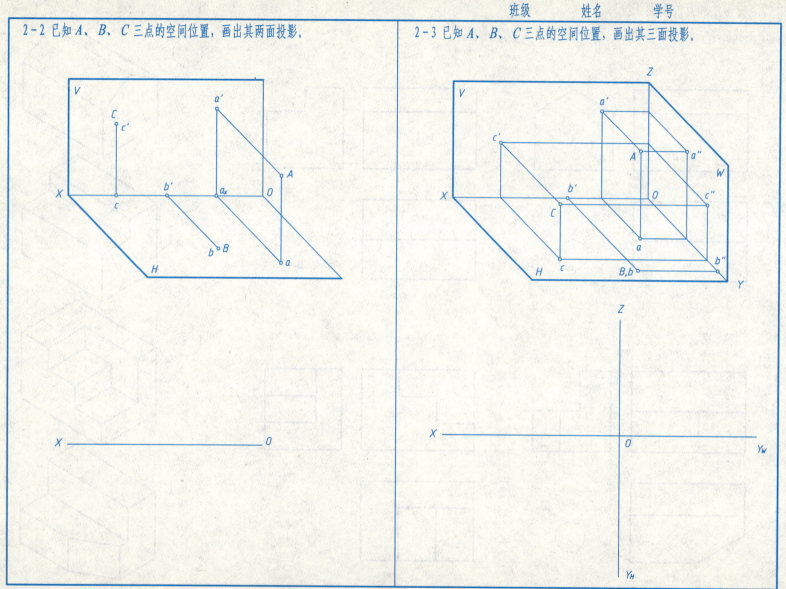

10

2-4 对照立体图，在三面投影图中注明 A、B、C 点的三个投影。

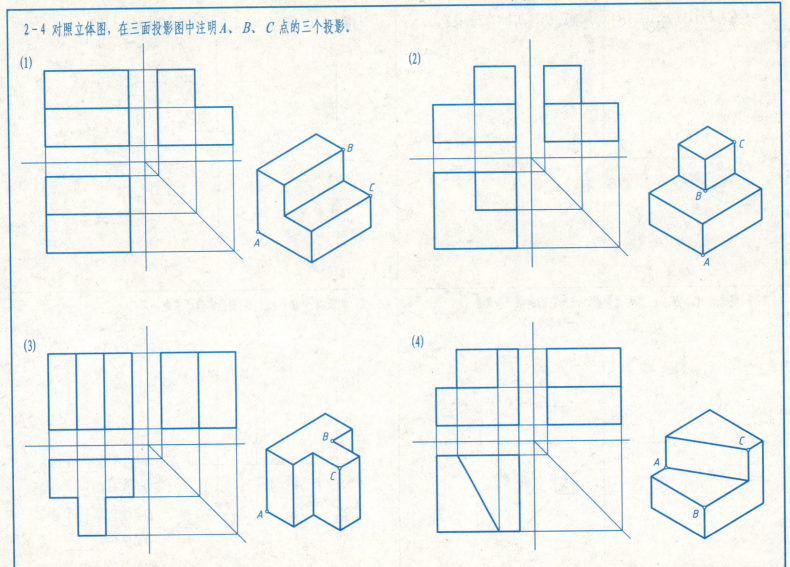

2-5 作出点 $A(30, 25, 10)$、$B(10, 30, 0)$、$C(20, 0, 20)$ 的三面投影。

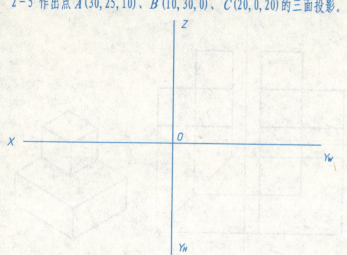

2-7 作出各点的第三投影,并将不可见的投影标记加上括号。

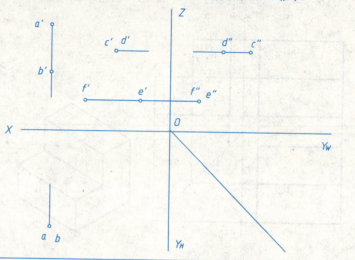

2-6 根据点 A、B、C 的两面投影,求出它们的第三投影。

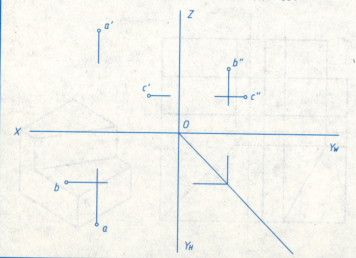

2-8 判断 A、B、C、D 四点各位于哪个分角。

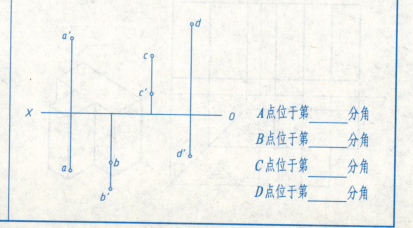

A 点位于第_____分角

B 点位于第_____分角

C 点位于第_____分角

D 点位于第_____分角

2-9 已知点 A 的三面投影，若点 B 在点 A 之左10、之前10、之下10，又点 C 在点 B 之右10、之后15、之上15，画出 B、C 两点的三面投影。

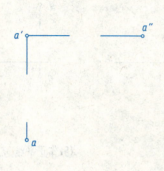

2-11 连续作出 A 点的两次辅助投影。

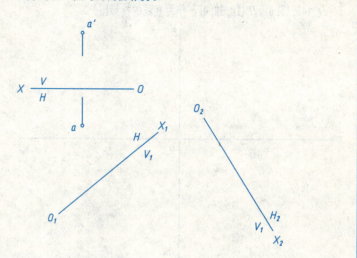

2-10 作出 A、B、C 各点的 V_1 面投影。

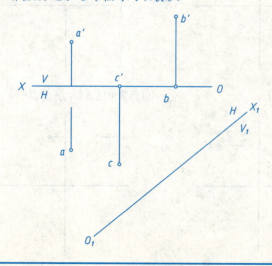

2-12 连续作出 B 点的两次辅助投影。

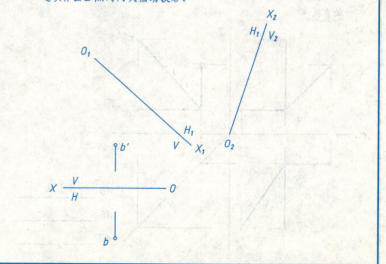

3. 平面立体的投影及线面投影分析

3-1 已知两直线 AB、CD 的端点坐标为 A (30, 5, 25)、B (5, 15, 15)、C (40, 15, 0)、D (10, 30, 0)，作两直线的投影图。

3-3 过已知点作实长为15mm的线段的三面投影。

(1) 作铅垂线 AB。

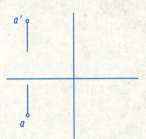

(4) 作水平线 GH，并使 $\gamma = 45°$。

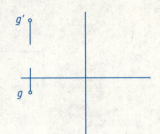

(2) 作正垂线 CD。

(5) 作正平线 IJ，并使 $\alpha = 30°$。

3-2 标出直线 AB、AC、AD 的各投影，并在右下方填出它们是怎样放置的直线。

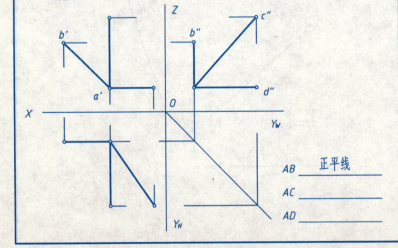

(3) 作侧垂线 EF。

(6) 作侧平线 KL，并使 $\beta = 60°$。

AB ___正平线___

AC _____

AD _____

3-4 在下面各分题中，试标出立体图上所注线段的三面投影，并写出它们是怎样放置的直线。

(1)

AB ___正垂线___

BC _____

CD _____

BE _____

(2)

AB _____

BD _____

CA _____

(3)

AB _____

BC _____

BD _____

(4)

AB _____

BC _____

CD _____

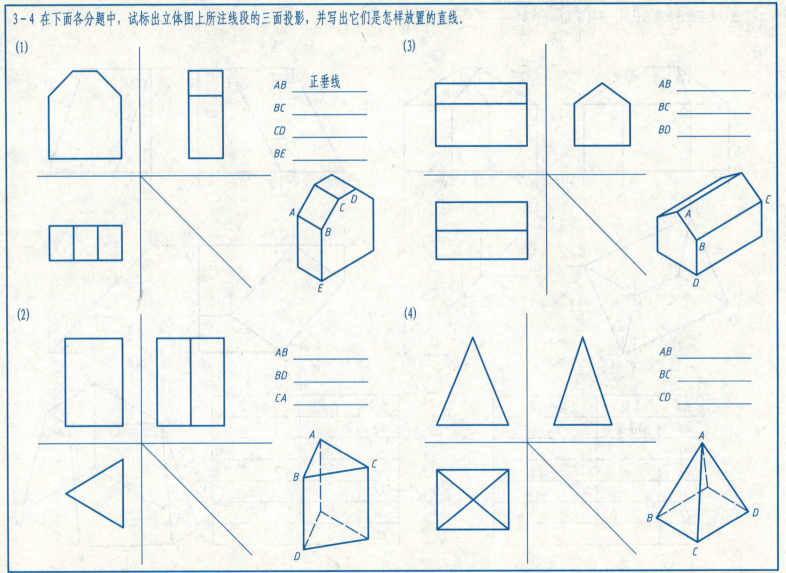

3-5 试标出各线段的侧面投影，并填写线段分析表。

(1)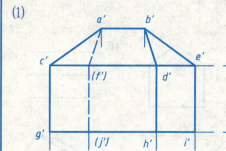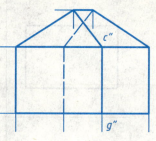

(2)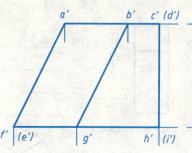

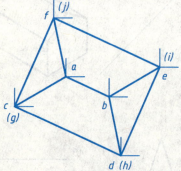 

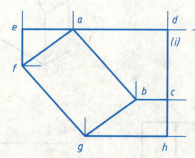

线名	类型	实长投影
CG	铅垂线	c'g', c"g"
AB		
AF		
AC		
CF		
CD		

线名	类型	实长投影
AB		
AD		
AE		
AF		
CH		
CD		

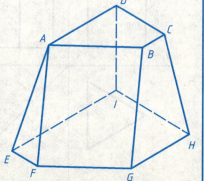

3-6 已知直线的两面投影，求第三投影。

(1)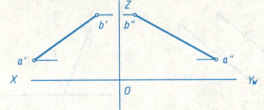

(2)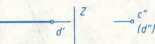

(3)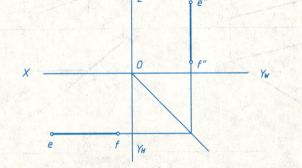

3-7 在AB直线上作出C点，使AC:CB =3:2；作出D点，使其到V面和H面的距离相等。

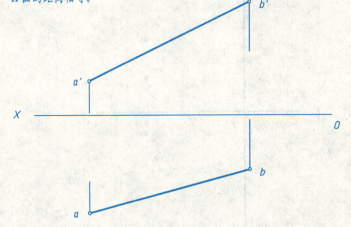

3-8 已知A、B、C三点在同一条直线上，试作出该直线的两面投影。

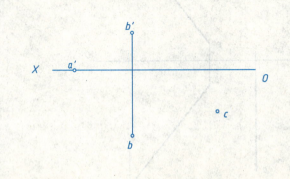

3-9 在 EF 直线上作出 K 点，使 EK∶KF=2∶3。

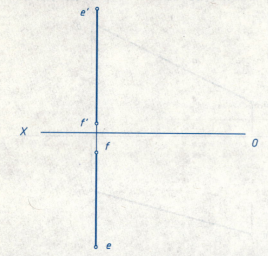

3-10 AB 和 CD 为空间的两条管路，求连接两条管路的最短距离。

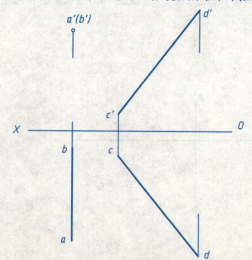

3-11 试判断下列各对直线的相对几何关系。

(1)
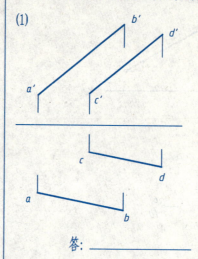
答：_____

(3)
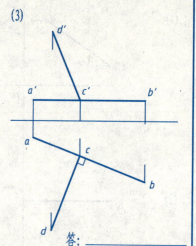
答：_____

(2)
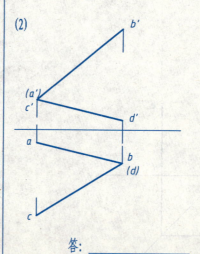
答：_____

(4)
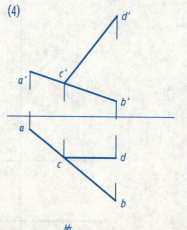
答：_____

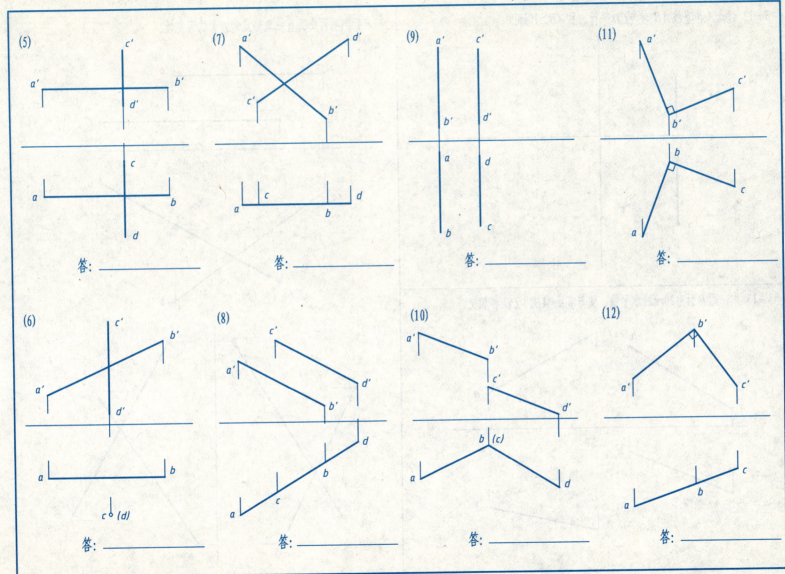

班级　　姓名　　学号

3-12 过点A作直线AB 使与CD平行，且AB =20mm。

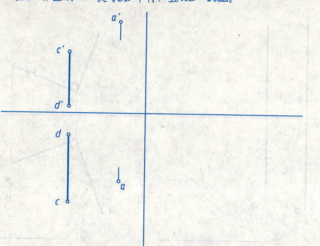

3-14 判明两交叉直线重影点的投影的可见性。

(1)

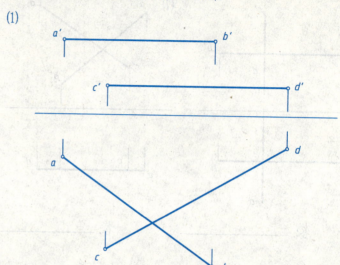

3-13 作一距H面为20mm的水平线，使与直线 AB、CD 都相交。

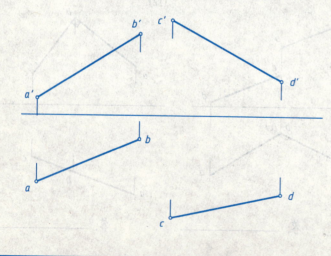

(2)

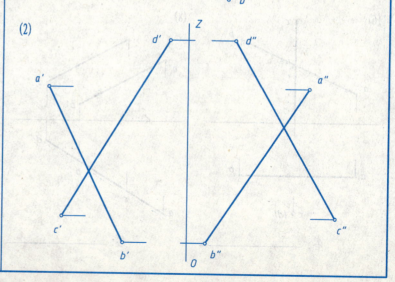

20

3-15 作出线段AB的辅助投影，使其反映线段的实长和对V面的倾角β。

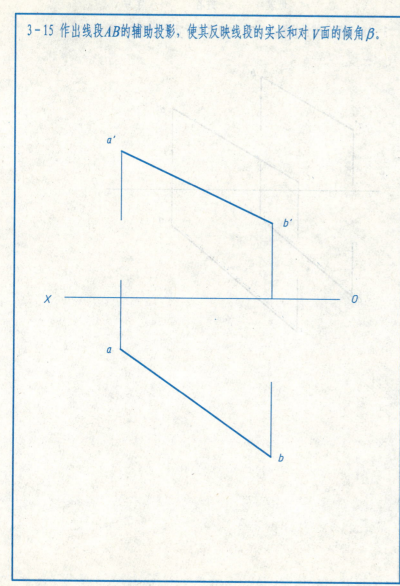

3-16 已知线段AB的实长为48mm，通过作辅助投影求它原来的水平投影。

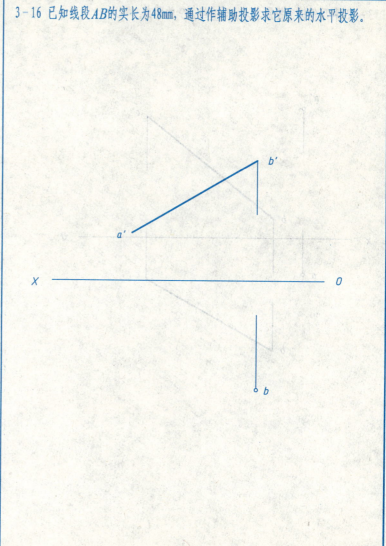

3-17 利用作辅助投影求点A到直线BC的距离。

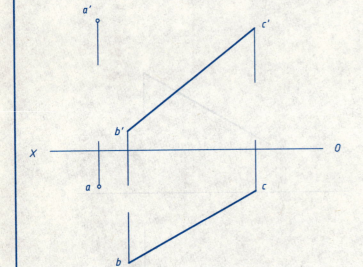

3-18 利用作辅助投影求AB、CD两平行直线之间的距离。

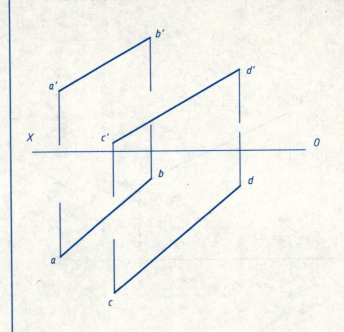

3-19 在投影图中，标出立体图上指定平面的三面投影，并写出它们各属怎样放置的平面。

(1)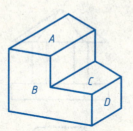

A 是 __水平__ 面，C 是 _____ 面，

B 是 _____ 面，D 是 _____ 面。

(3)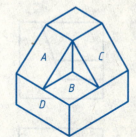

A 是 _____ 面，C 是 _____ 面，

B 是 _____ 面，D 是 _____ 面。

(2)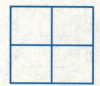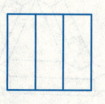

A 是 _____ 面，C 是 _____ 面，

B 是 _____ 面，D 是 _____ 面。

(4)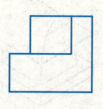

A 是 _____ 面，C 是 _____ 面，

B 是 _____ 面，D 是 _____ 面。

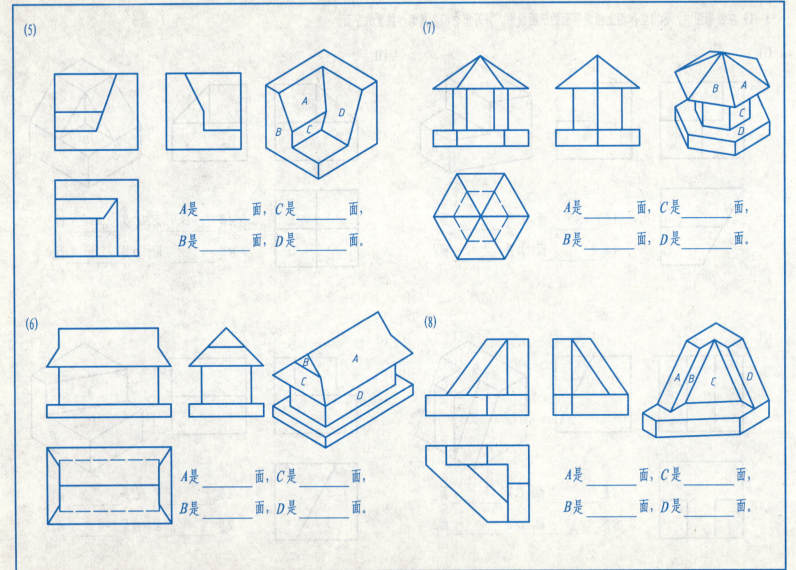

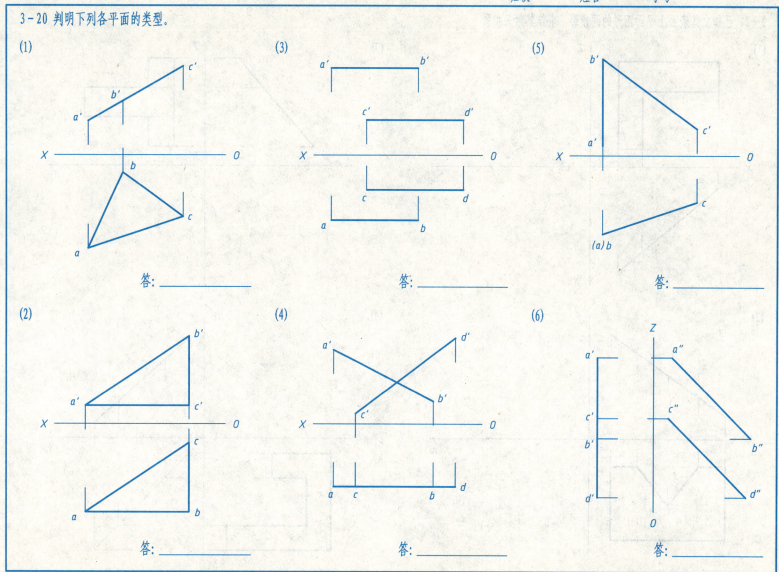

3-21 已知立体表面上平面图形的两投影，求作其第三投影。

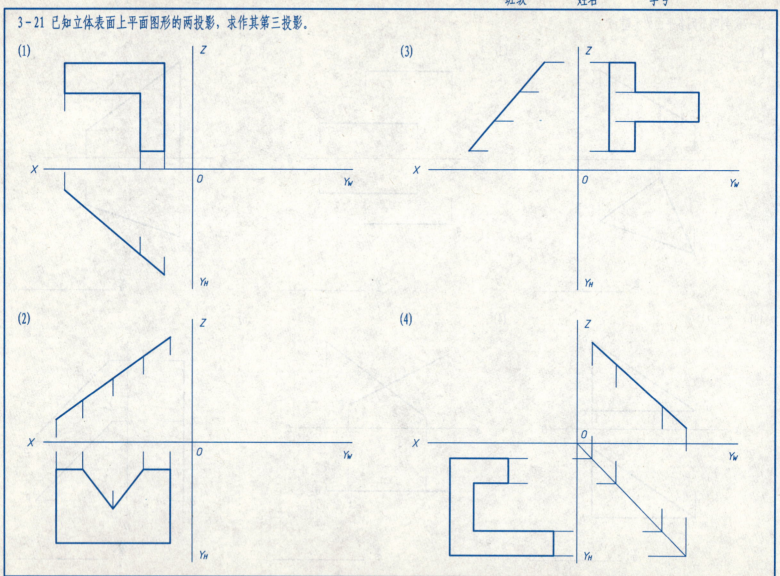

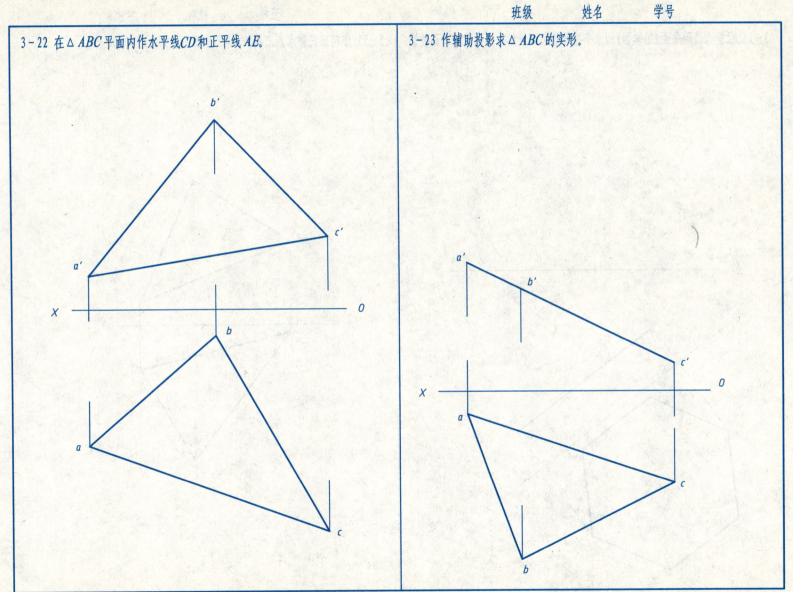

3-24 根据六边形平面(铅垂面)的水平投影及V_1面投影，求出它的V面投影。

3-25 作辅助投影求点K到$\triangle ABC$平面的距离。

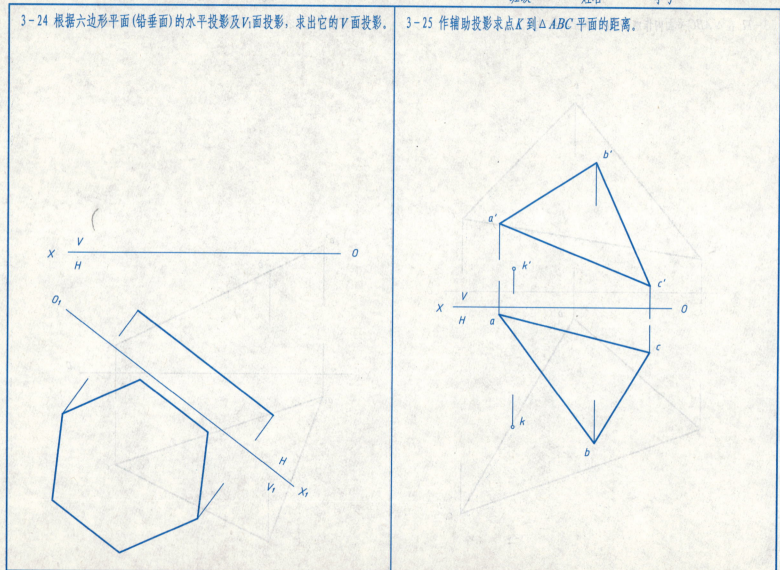

3-26 作辅助投影求△ABC的实形。

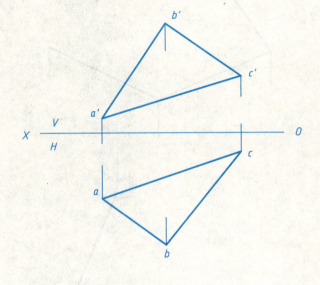

3-27 作辅助投影求棱柱顶部斜面的实形。

班级　　姓名　　学号

29

3-28 补全平面图形的两投影。

(1)　　　　　　　　　　　　　　　　　　(2)

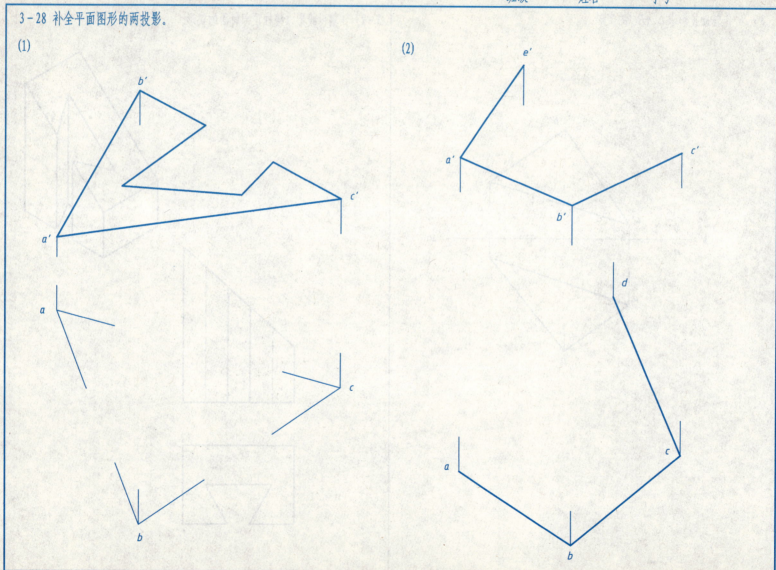

3-29 试在△ABC平面上作出D点，D点低于B点15mm，在B点之前18mm。

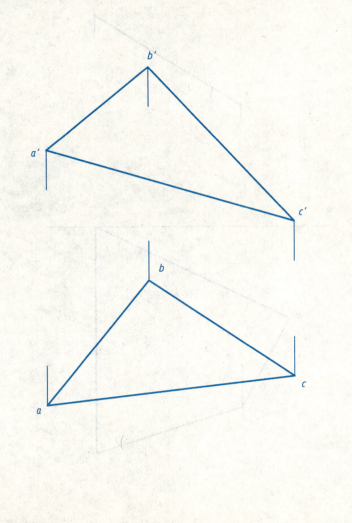

3-30 已知平行四边形ABCD的正面投影和BC的水平投影，又知ABCD面上一点K，求作平行四边形ABCD及K点的三面投影。

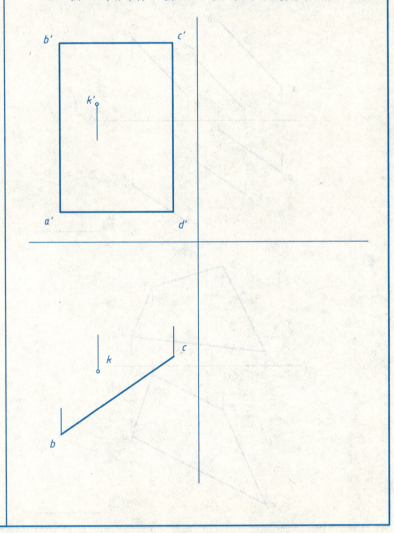

3-31 作图检查分题(1)中三条平行线是否属于同一平面,分题(2)中四边形是否为平面图形。

(1)

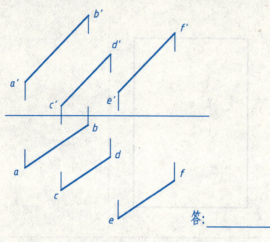

答:_____

(2)

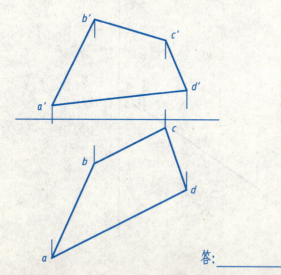

答:_____

3-32 已知平面四边形ABCD的AB边为水平线,试补全四边形的V面投影。

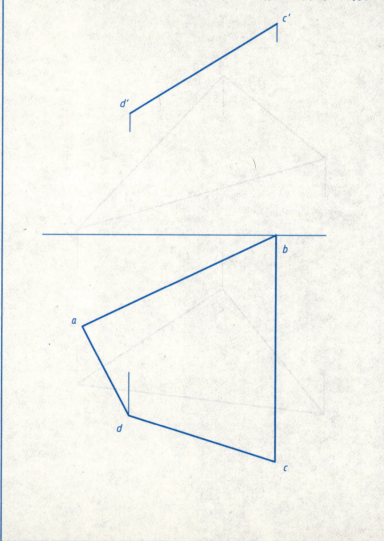

3-33 作出五棱柱的侧面投影及表面上点 A、B、C 所缺的投影。

3-34 作出六棱柱的水平投影及表面上折线 ABC 所缺的投影。

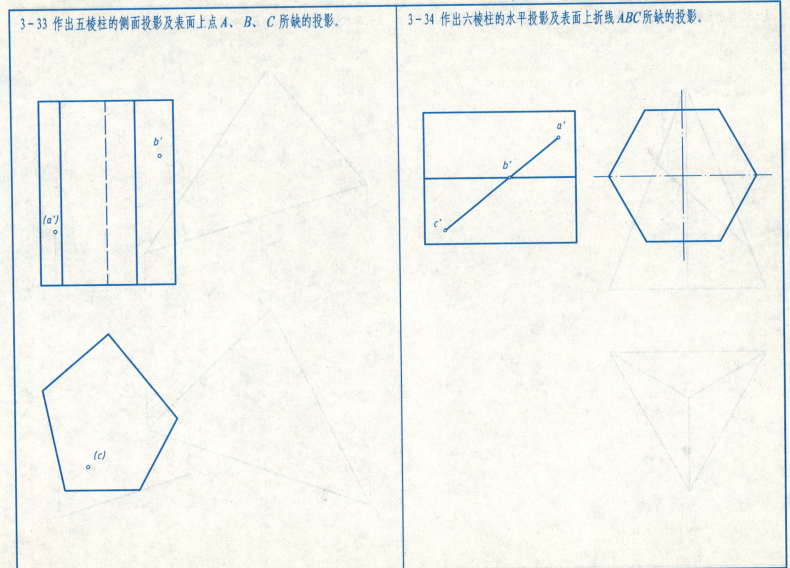

3-35 作出三棱锥的侧面投影及表面上点 A 和折线 BCD 所缺的投影。

3-36 已知直线 $DE \parallel \triangle ABC$ 平面，求作 $d'e'$。

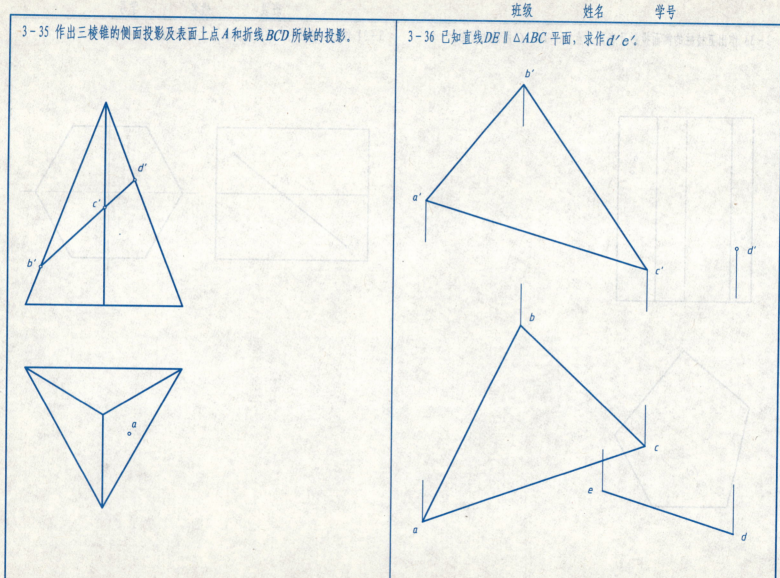

3-37 过直线AB作平面平行于直线CD。　　　3-38 过E点作平面平行于ABCD平面。

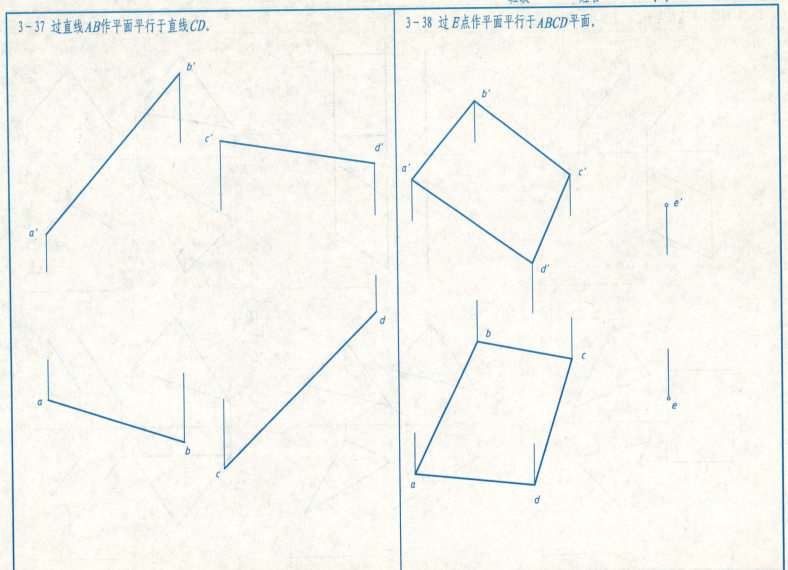

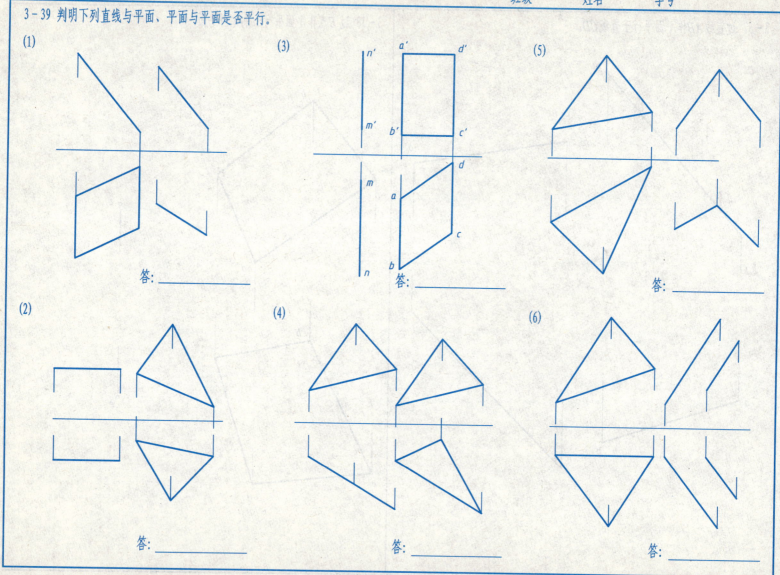

3-40 判明下面列出的立体表面是否相互平行。

3-41 过两交叉直线AB、DE作互相平行的两平面ABC和DEF。

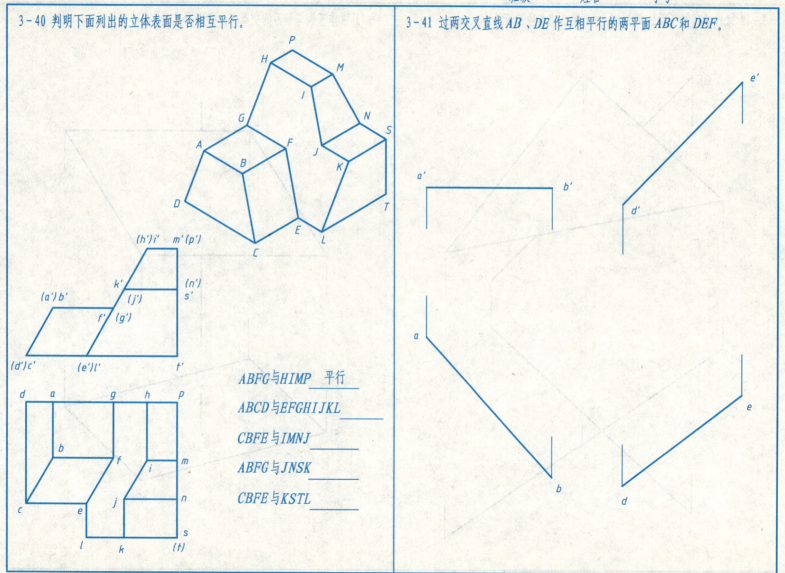

ABFG 与 HIMP ___平行___

ABCD 与 EFGHIJKL _____

CBFE 与 IMNJ _____

ABFG 与 JNSK _____

CBFE 与 KSTL _____

37

3-42 求作直线与平面的交点 K，并判明直线各段的可见性。

3-43 求作直线与平面的交点 K，并判明直线各段的可见性。

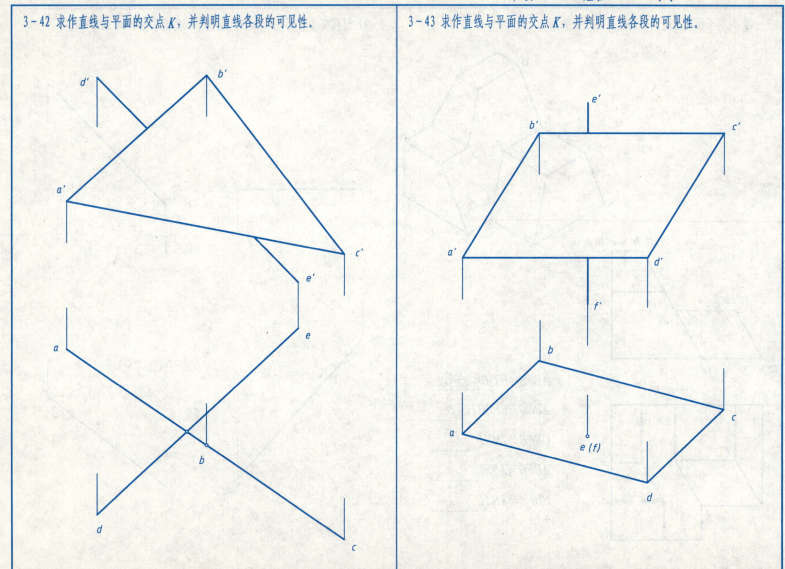

38

3-44 求作直线与平面的交点 K，并判明直线各段的可见性。

3-45 求作平面与平面的交线 KL，并判明图形各部分的可见性。

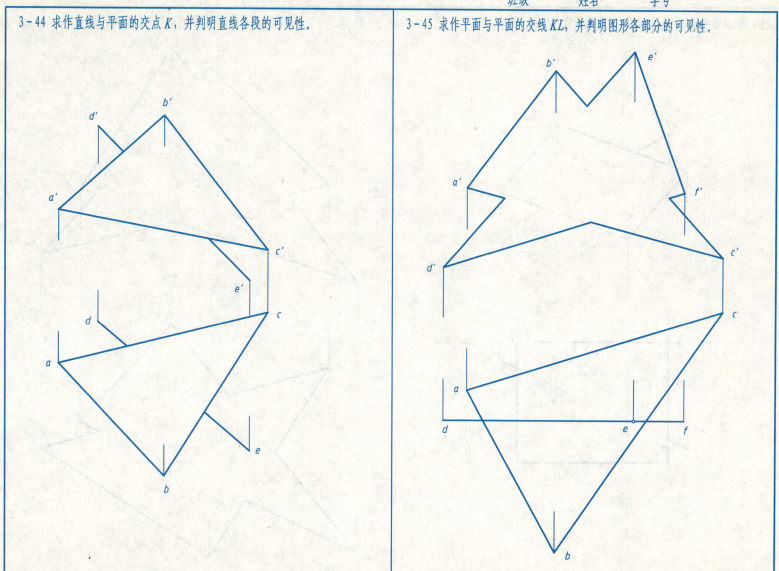

3-46 求作平面与平面的交线 KL，并判明各处的可见性。

3-47 求作平面与平面的交线 KL，并判明图形各部分的可见性。

班级　　姓名　　学号

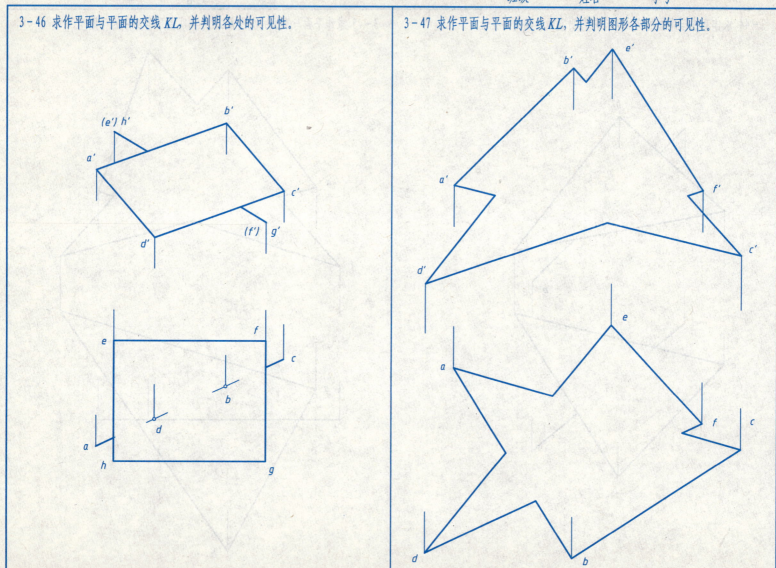

40

3-48 已知同坡屋顶四周屋檐的水平投影及各屋面的坡度为1∶1.5，作出同坡屋顶的两面投影。

(1) (2)

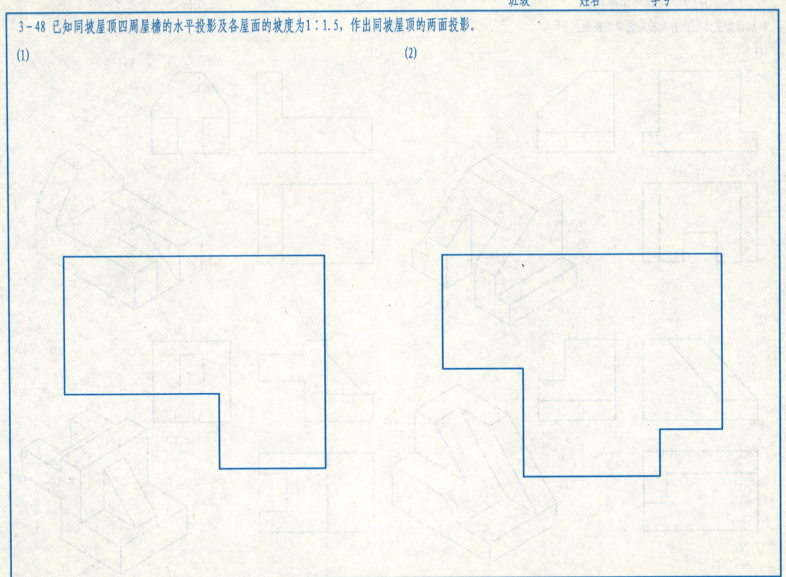

4. 平面立体构形及轴测图画法　　　　　　　　　　　　班级　　　姓名　　　学号

4-1 根据立体图，补全投影图中的图线。

(1)　　(2)　　(3)　　(4)

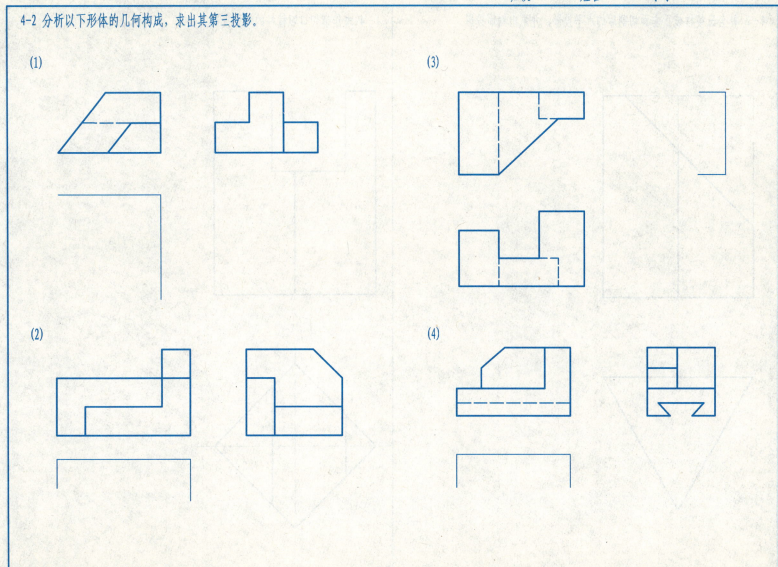

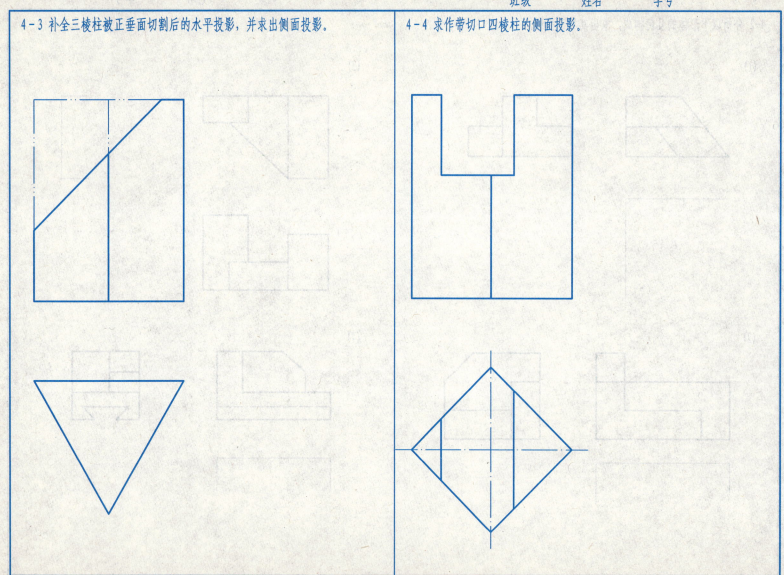

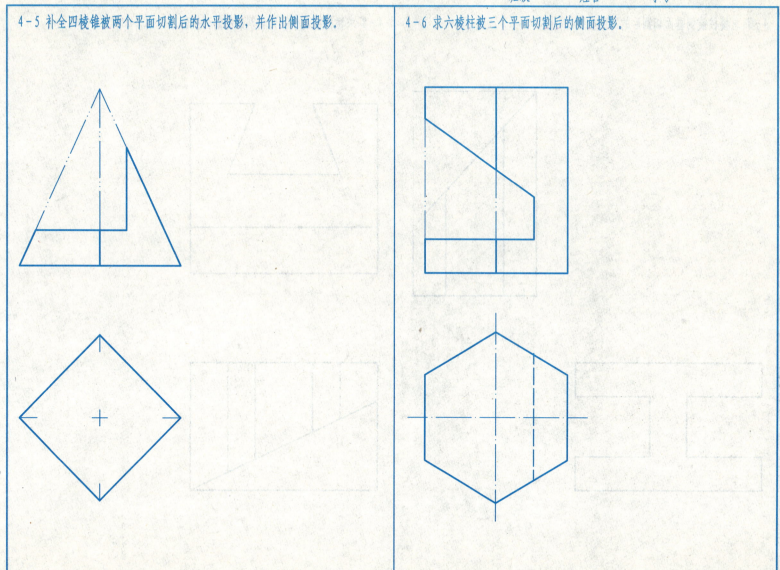

4-7 求棱柱被侧垂面切割后的正面投影。

4-8 求棱柱被两个平面切割后的侧面投影。

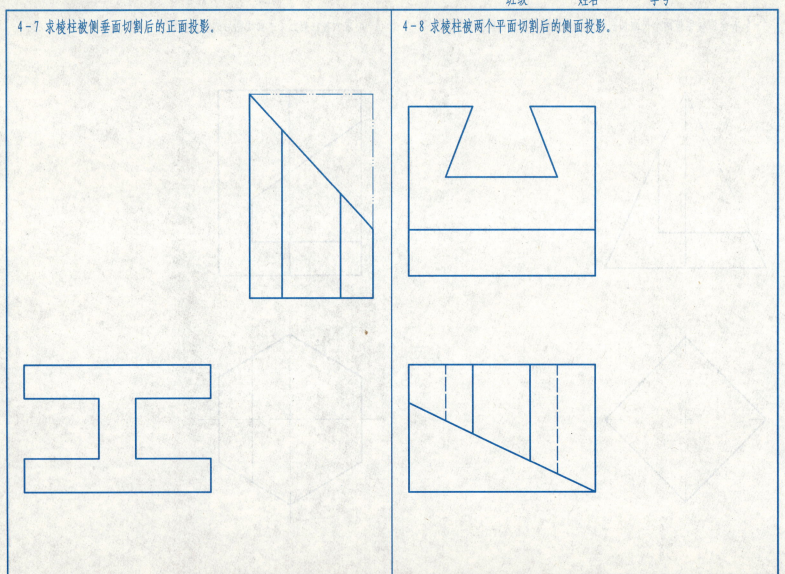

1-9 求屋顶的水平投影。

4-10 补全带缺口垫块的水平投影和侧面投影。

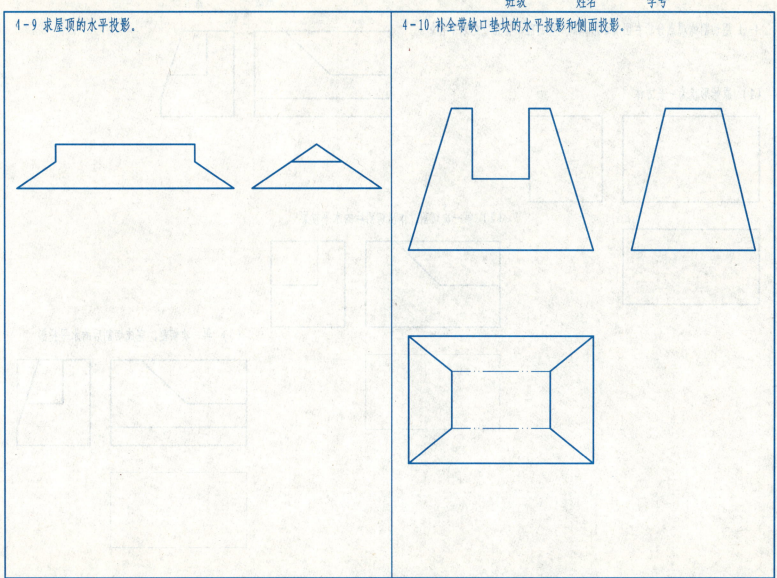

47

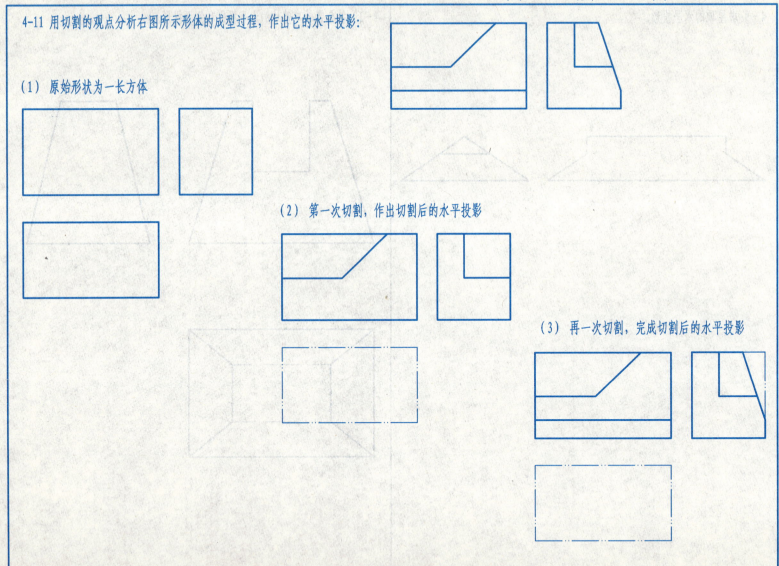

4-12 用切割的观点分析图示形体的成型过程，作出它的第三投影。

(1) (2)

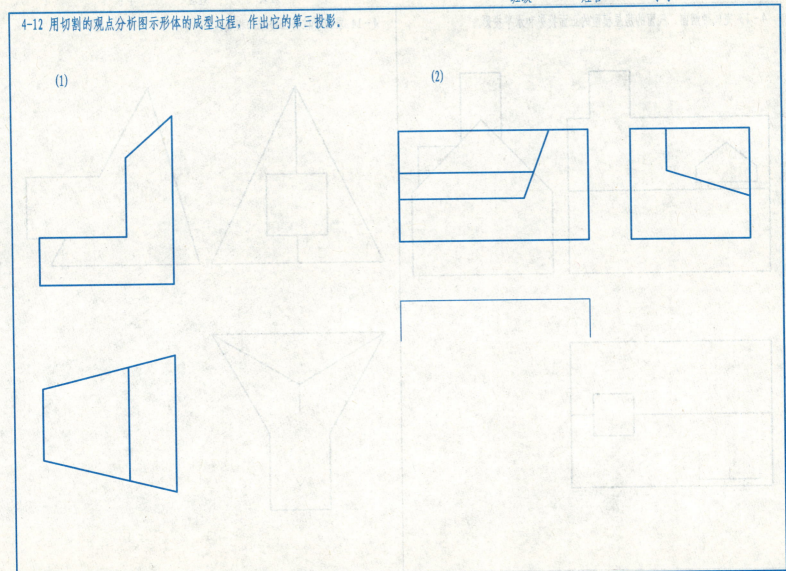

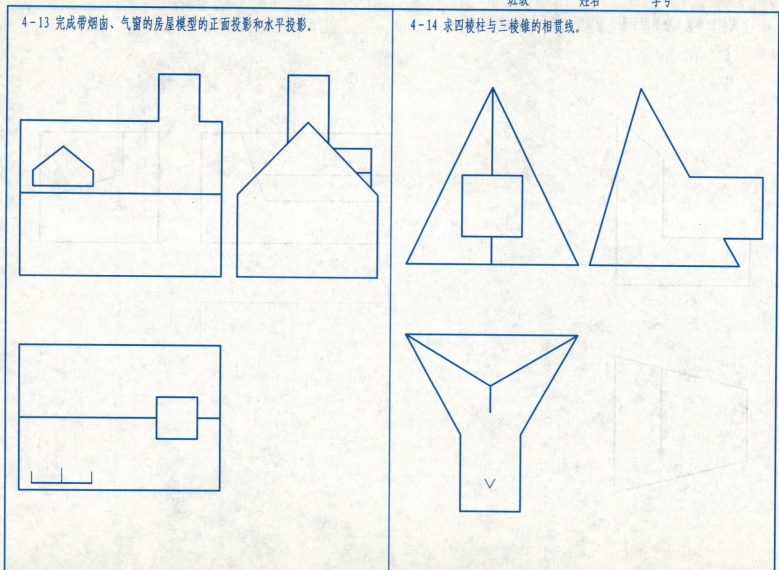

4-13 完成带烟囱、气窗的房屋模型的正面投影和水平投影。

4-14 求四棱柱与三棱锥的相贯线。

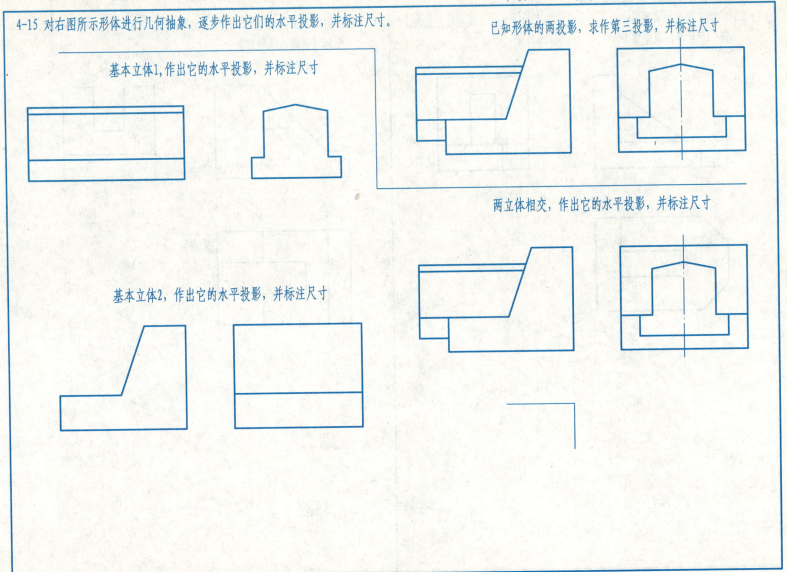

4-16 作物体的正等轴测图，并在三面投影图上标注尺寸（尺寸数值从图上按1∶1量取，取整数）。

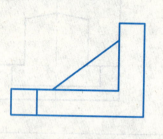 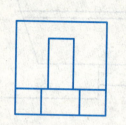

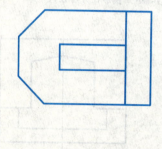

4-17 作物体的正等轴测图，并在三面投影图上标注尺寸（尺寸数值从图上按1∶1量取，取整数）。

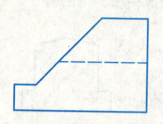 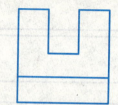

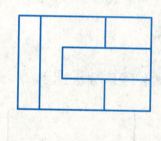

班级　　姓名　　学号

4-18 作物体的正等轴测图,并在三面投影图上标注尺寸(尺寸数值从图上按1:1量取,取整数)。

4-19 作物体的斜二轴测图。

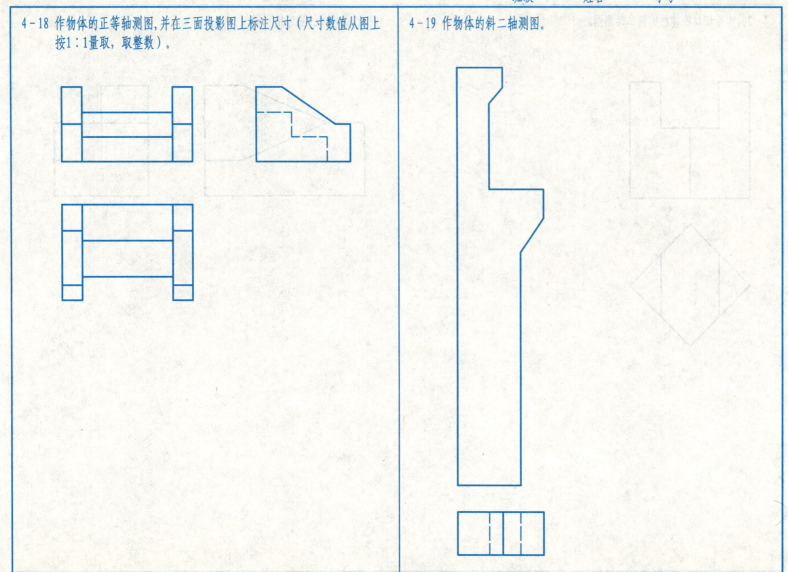

班级　　姓名　　学号

4-20 作带切口四棱柱的斜二轴测图。

4-21 作物体的正等轴测图。

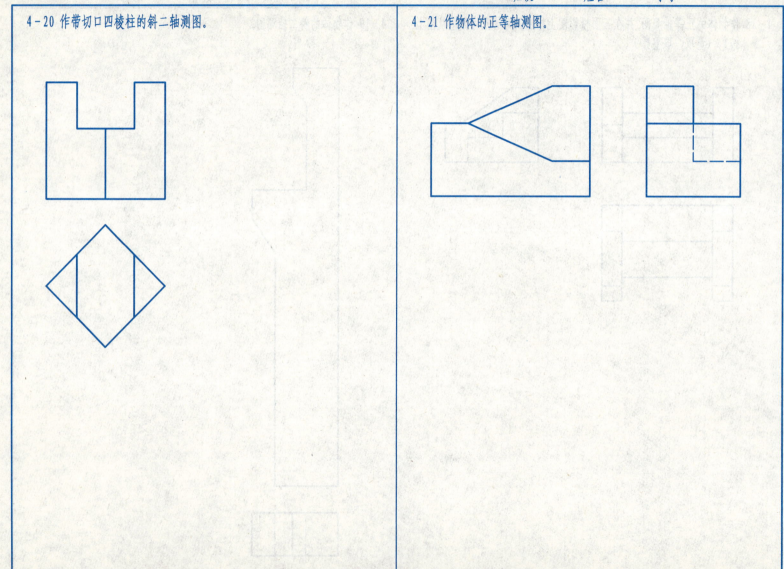

54

5. 规则曲线、曲面及曲面立体

班级　　姓名　　学号

5-1 已知正垂面内的圆的正面投影和圆心的两投影，试作出该圆的水平投影及反映实形的辅助正投影。

5-2 已知右旋螺旋线的导圆柱、导程ph 和起点A，求作其投影图。

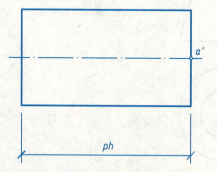

5-3 桥墩墩身的表面由柱面和平面所组成，试作出该墩身的侧面投影，并画出每一曲面上的一些素线。

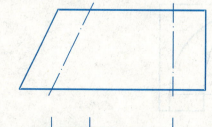

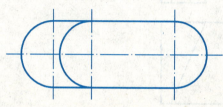

5-4 桥墩墩身的表面由锥面和平面所组成，试作出该墩身的侧面投影，并画出每一曲面上的一些素线。

5-6 渠道渐变段的边坡面 ABCD 为双曲抛物面，试单独画出该曲面的侧面投影，并画出它的两族素线的三面投影。

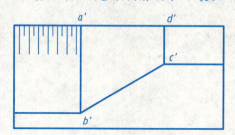

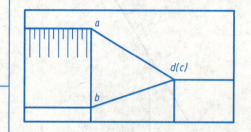

5-5 图示拱门的拱顶是以 H 投影面为导平面，以半圆和半椭圆为曲导线所形成的柱状面，试作出该拱门的侧面投影，并画出曲面的一些素线。

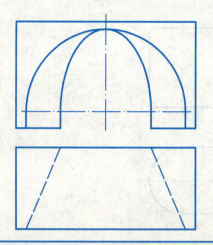

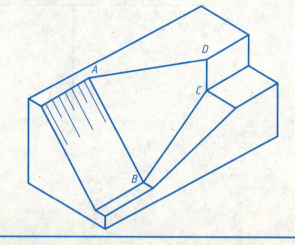

5-7 已知单叶旋转双曲面的直母线 AB 和旋转轴 OO，求作其投影图，并画出曲面上的一些素线。

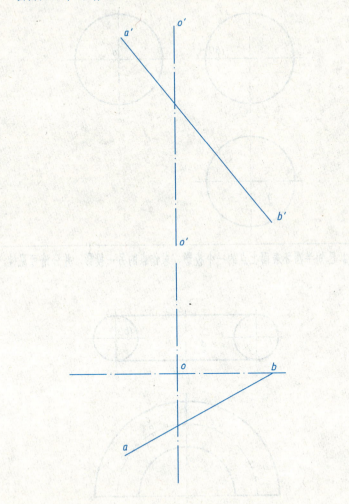

5-8 楼梯扶手弯头由正螺旋面组成，已知其水平投影和端面的正面投影，求作弯头的正面投影。

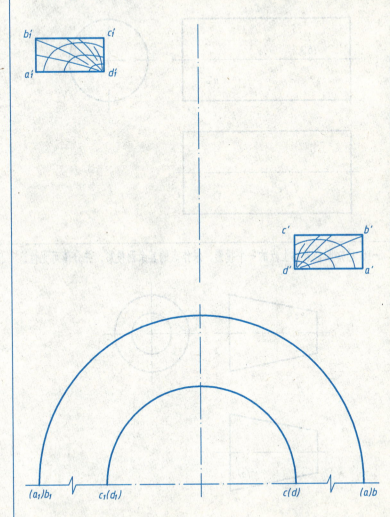

57

5-9 已知圆柱表面上点的一个投影，求作点的其余两投影，并分清可见性。

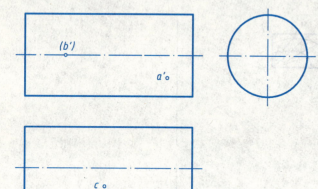

5-11 已知球表面上点的一个投影，求作点的其余两投影，并分清可见性。

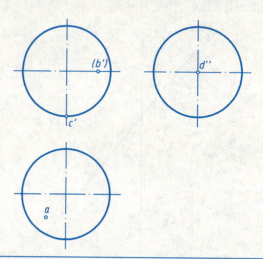

5-10 已知圆台表面上点的一个投影，求作点的其余两投影，并分清可见性。

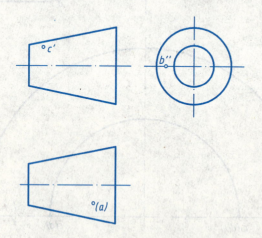

5-12 已知半圆环表面上点的一个投影，求作点的另一投影，并分清可见性。

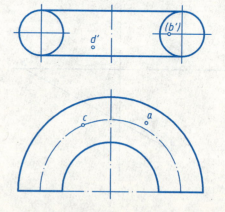

班级　　姓名　　学号

5-13 补全带切口圆柱的水平投影，作出其侧面投影，在三面投影图上标注该形体的尺寸（直接从图上按1:1量取）。

5-14 补全带切口圆筒的水平投影，作出其侧面投影，在三面投影图上标注该形体的尺寸（直接从图上按1:1量取）。

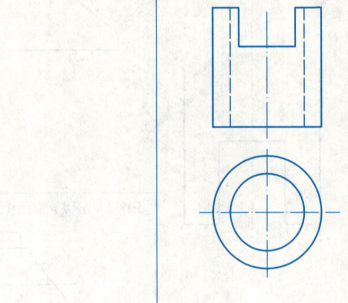

59

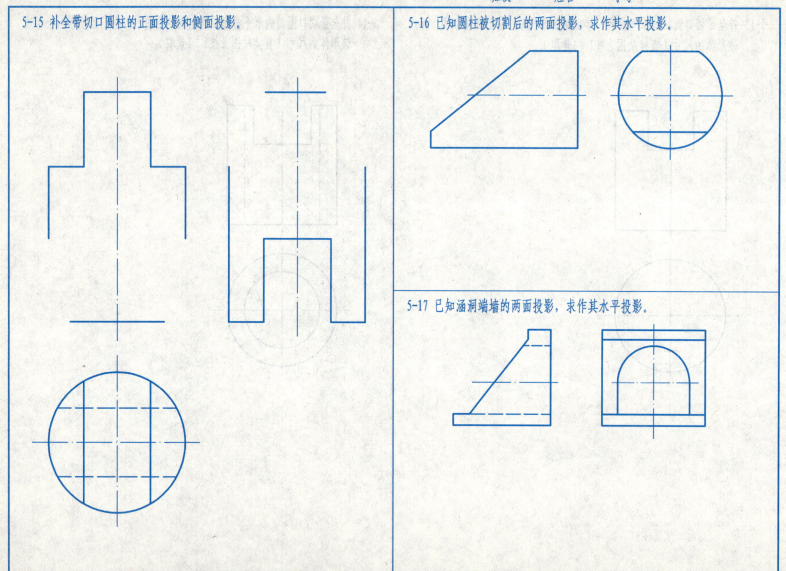

5-15 补全带切口圆柱的正面投影和侧面投影。

5-16 已知圆柱被切割后的两面投影,求作其水平投影。

5-17 已知涵洞端墙的两面投影,求作其水平投影。

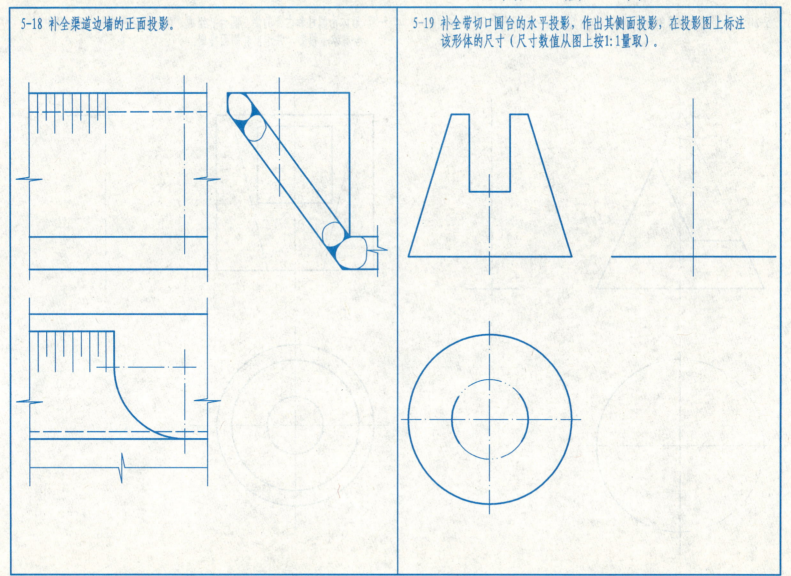

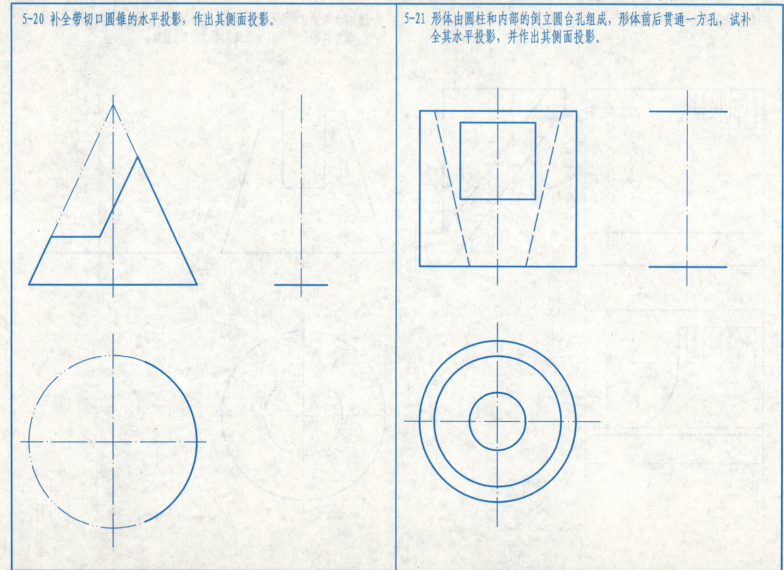

班级　　　姓名　　　学号

5-22 图示形体为六棱柱与圆锥面相交，试完成该形体的正面投影。

5-23 完成相交两立体的水平投影。

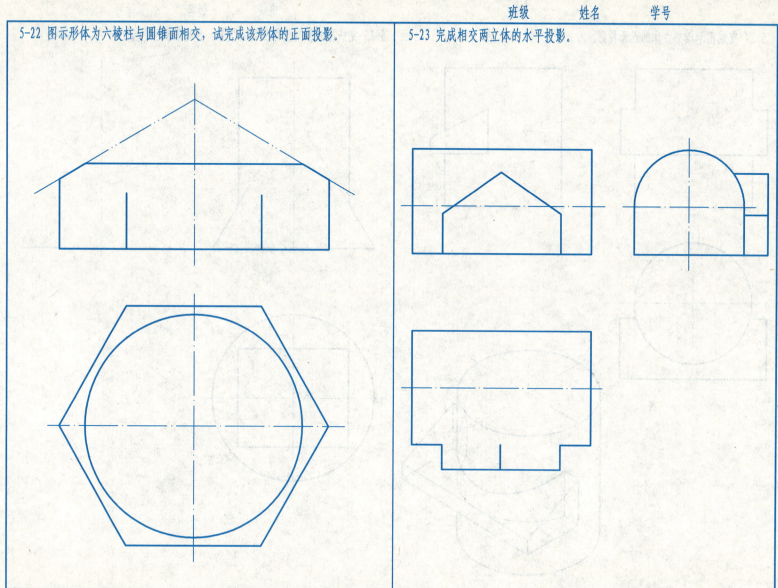

63

5-24 完成图示相交立体的正面投影。

5-25 完成图示相交立体的正面投影，作出其侧面投影。

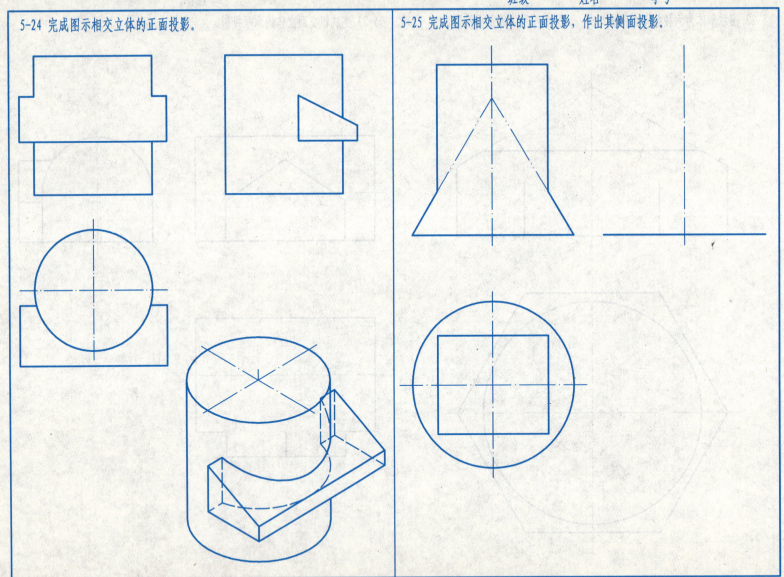

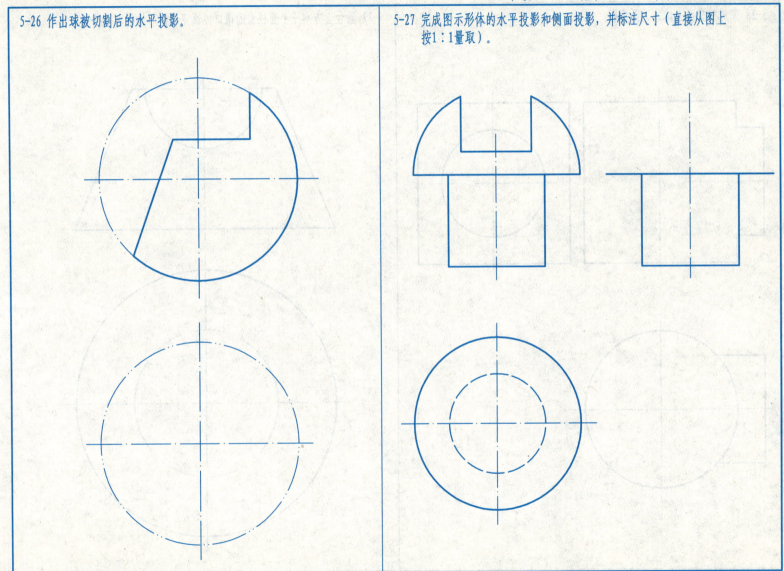

5-28 完成相交两立体的正面投影。

5-29 圆台上方有一半圆柱面的槽口，试完成该形体的水平投影。

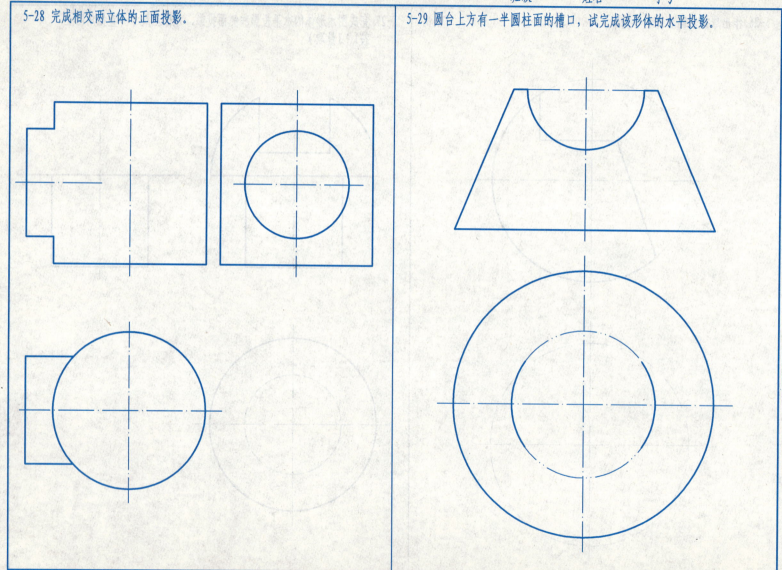

5-30 求作相贯两立体的水平投影。

5-31 画出图示圆柱的正等轴测图。

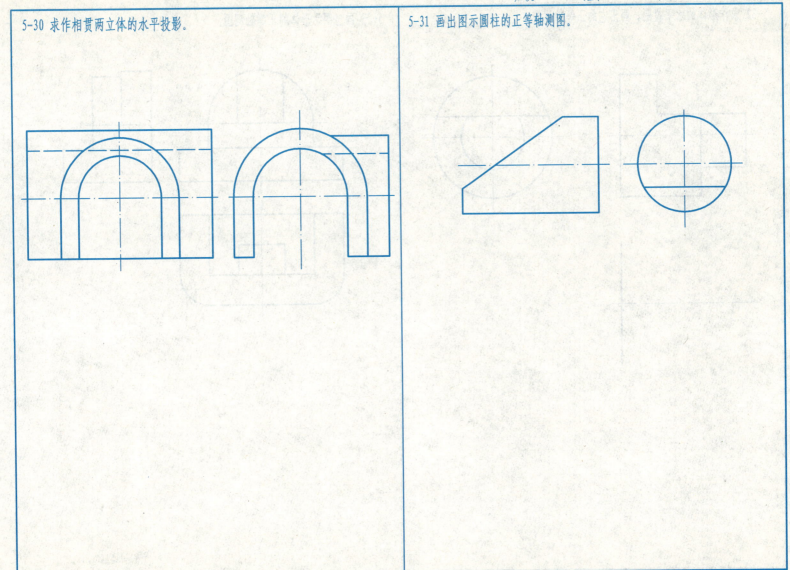

5-32 求作形体的水平投影，画出它的正等轴测图。

5-33 画出图示形体的正等轴测图。

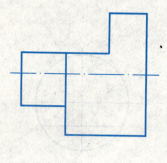
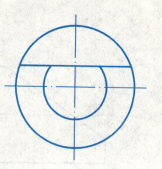

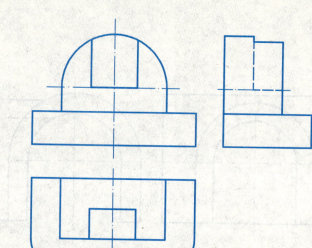

班级　　　姓名　　　学号

5-34 画出图示拱涵管节的斜二轴测图。

5-35 画出图示洞门的斜二轴测图。

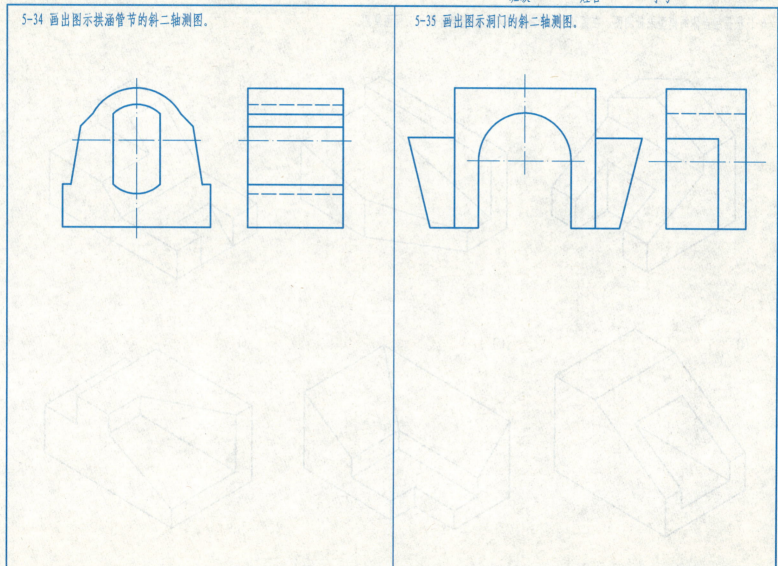

6. 组合体　　　　　　　　　　　　　　　　　班级　　　姓名　　　学号

6-1 根据组合体的模型或轴测图，在第72、73页的方格纸上画出组合体的三视图草图。

(1)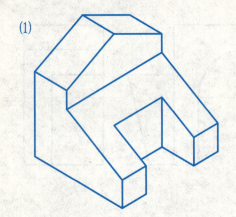

(2)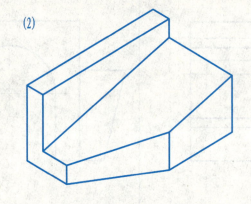

(3)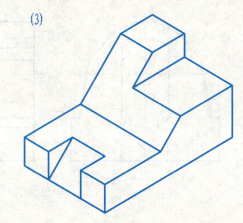

(4)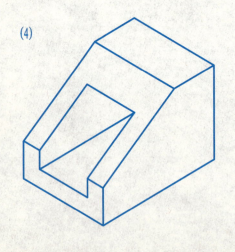

(5)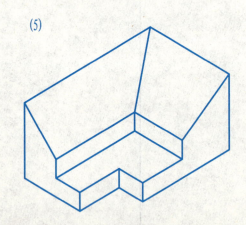

(6)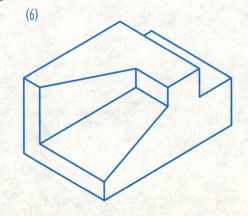

班级　　姓名　　学号

班级　　姓名　　学号

6-2 根据相同的正面图，设计三个不同形状的组合体，画出它们的另外两视图。

(1) 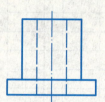　　(2) 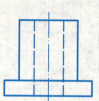　　(3)

6-3 根据相同的平面图，设计三个不同形状的组合体，画出它们的另外两视图。

(1) 　　(2) 　　(3)

6-4 根据相同的正面图，设计不同形状的组合体，画出它们的另外两视图。

(1)
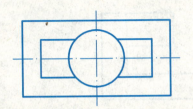

(3)
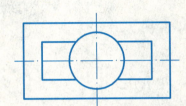

(2)
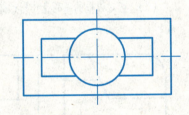

(4)
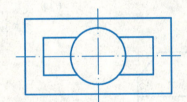

6-5 对线框,作第三视图:

(1) 已知形体的两视图　　　　(2) 提取线框1234和3456对应的正面投影,标上字符,并求它们的侧面投影　　　　(3) 在对线框的基础上作出形体的侧面图

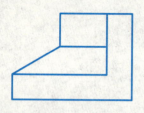

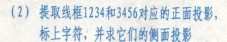
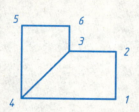
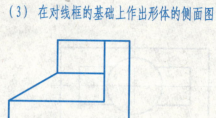

6-6 对线框,作第三视图:

(1) 已知形体的两视图　　　　(2) 提取线框1″2″3″4″5″对应的正面投影,标上字符,并作出对应的水平投影　　　　(3) 在对线框的基础上作出形体的平面图

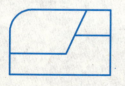

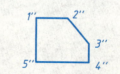
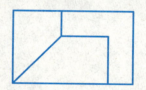

6-7 辨认下图所示形体的尺寸标注哪种注法好？选定后在括号内打√。

(1)

(2)

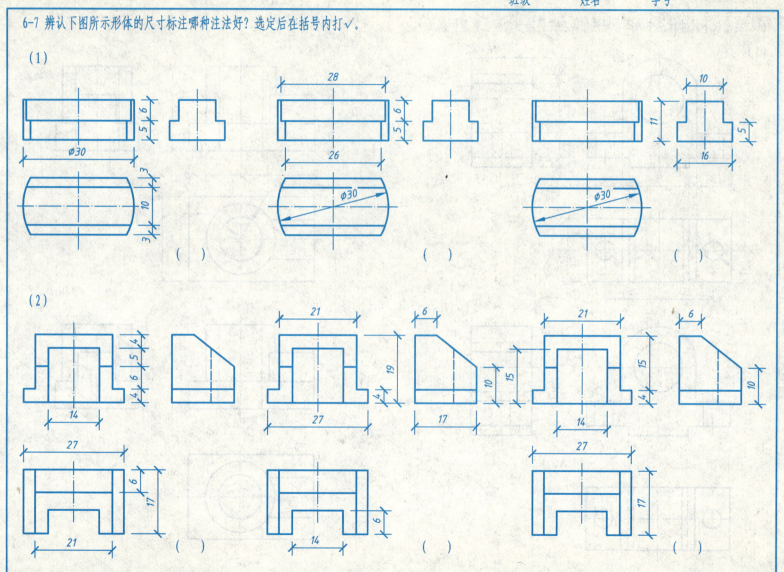

6-8 找出以下尺寸标注中的不合理注法，在另外给出的图上重新标注尺寸。

(1) (2)

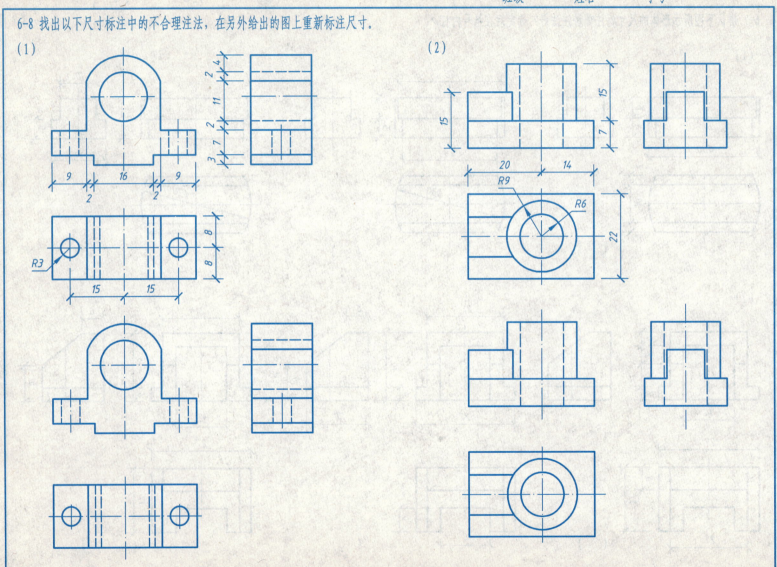

6-9 补画下列组合体三视图中所缺的图线。

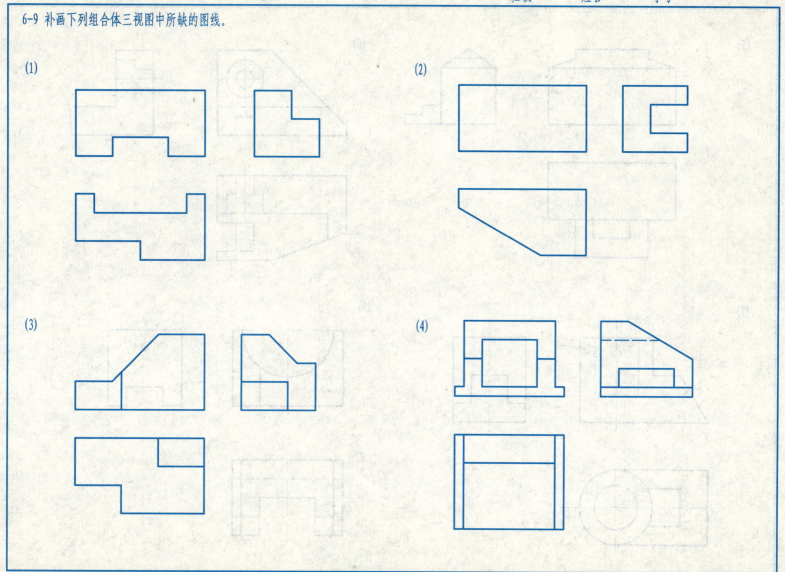

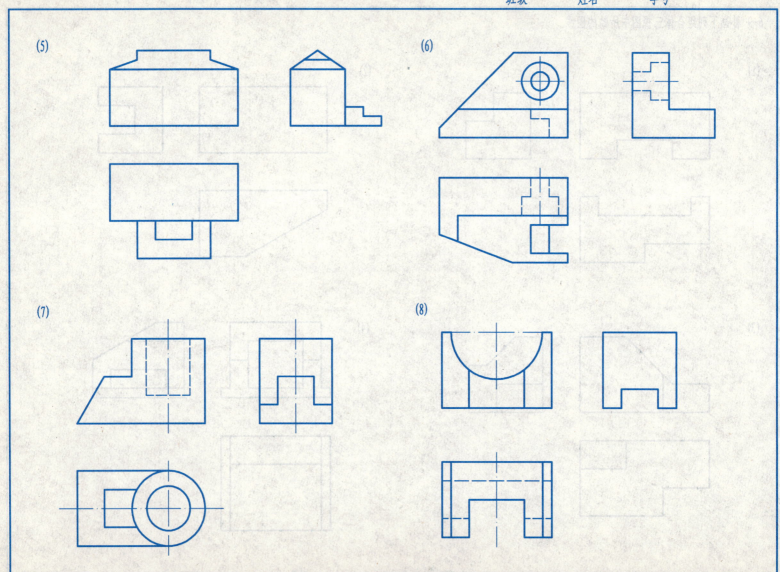

6-10 分析组合体的成型方法，画出第三视图。

(1) (2) (3) (4)

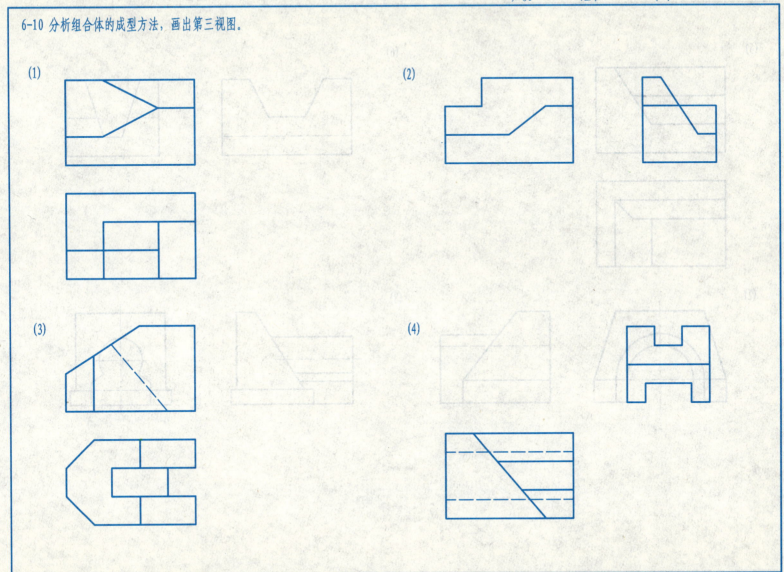

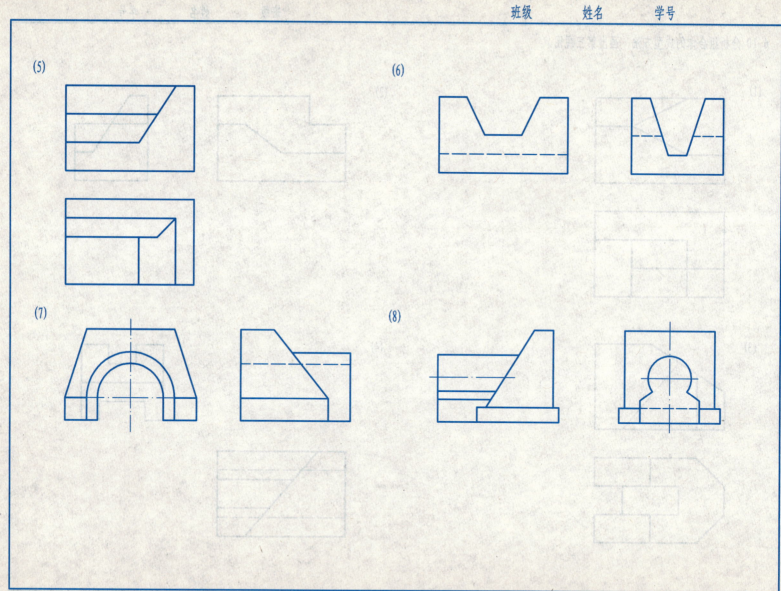

6-11 构思一个物品的造型,将它设计一个组合体,画出它的三视图,要求:
    1. 基本立体数量不少于3个;
    2. 组合体要带有曲面;
    3. 平面体上要有斜平面;
    4. 形体的大小自定,不标注尺寸。

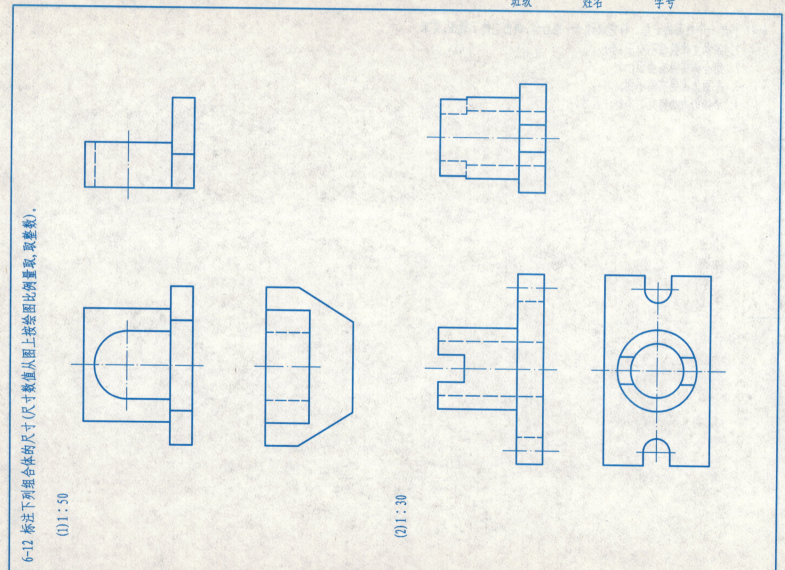

6-12 标注下列组合体的尺寸(尺寸数值从图上按绘图比例量取,取整数)。

(1) 1:50

(2) 1:30

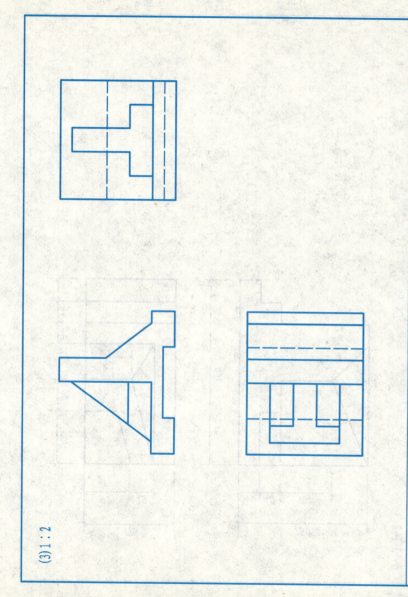

6-13 求作6-13-1-1至6-13-1-6、6-13-2-1至6-13-2-6、6-13-3-1至6-13-3-6、6-13-4-1至6-13-4-6中教师指定分题的第三视图。

6-14 在横放的A2幅面的图纸上，根据给定的比例，用仪器画出组合体的三视图和轴测图（轴测图的类型和大小自定），并标注尺寸。共有四题，每题有六个分题，画哪个分题由教师指定。本作业图名为"组合体（一）"。

（1）分题6-13-1-1至6-13-1-6，画在图纸的左上部，比例1：5。

（2）分题6-13-2-1至6-13-2-6，画在图纸的右上部，比例1：2。

（3）分题6-13-3-1至6-13-3-6，画在图纸的左下部，比例1：1。

（4）分题6-13-4-1至6-13-4-6，画在图纸的右下部，比例1：2。

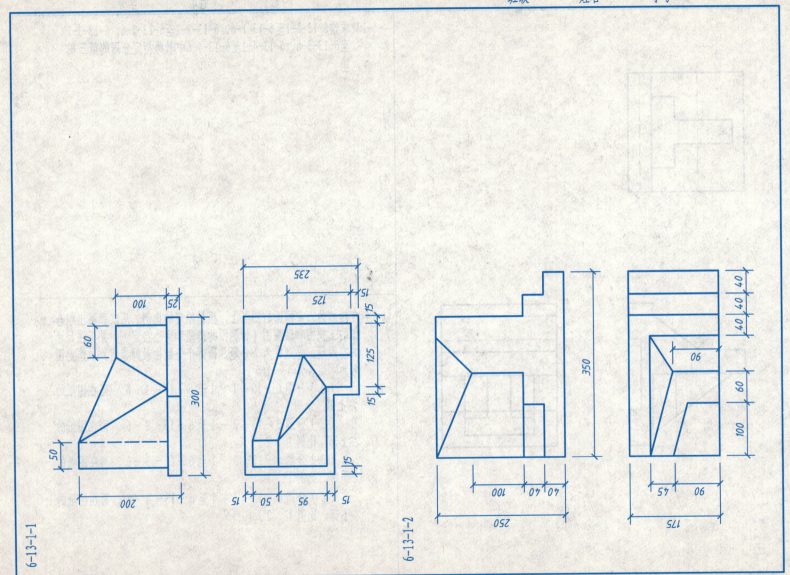

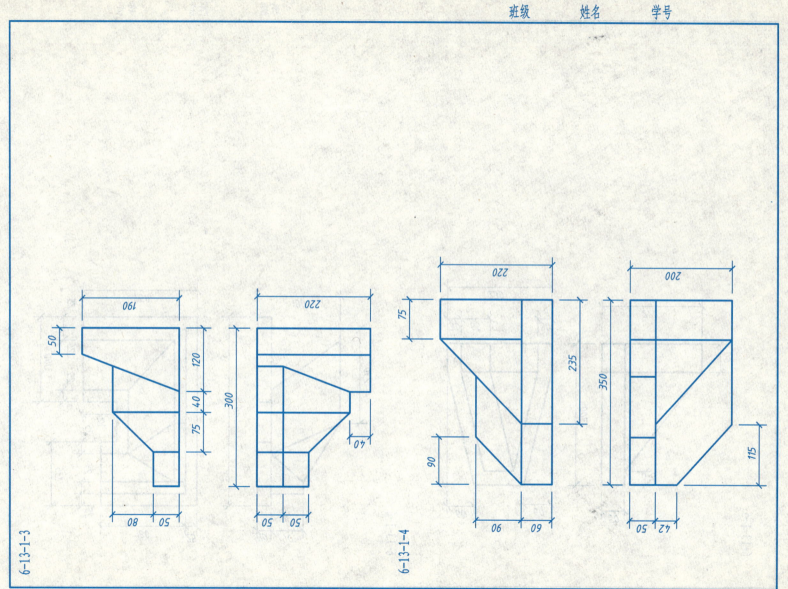

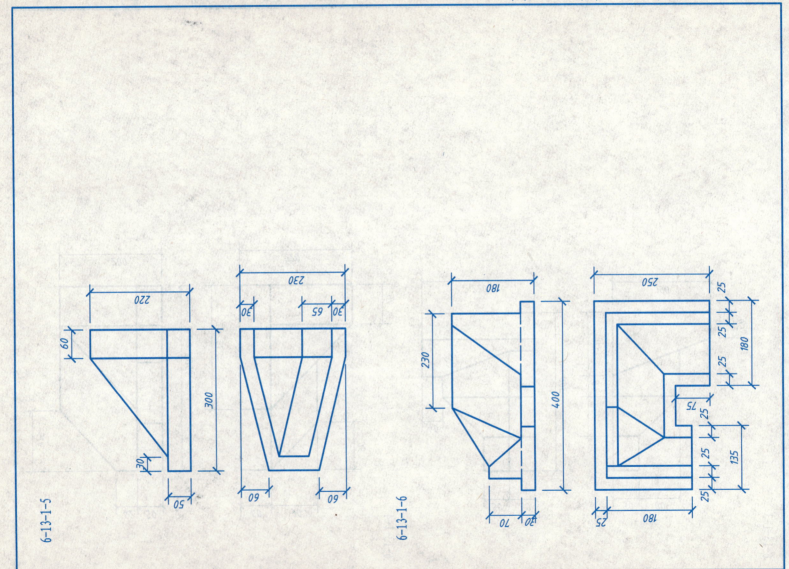

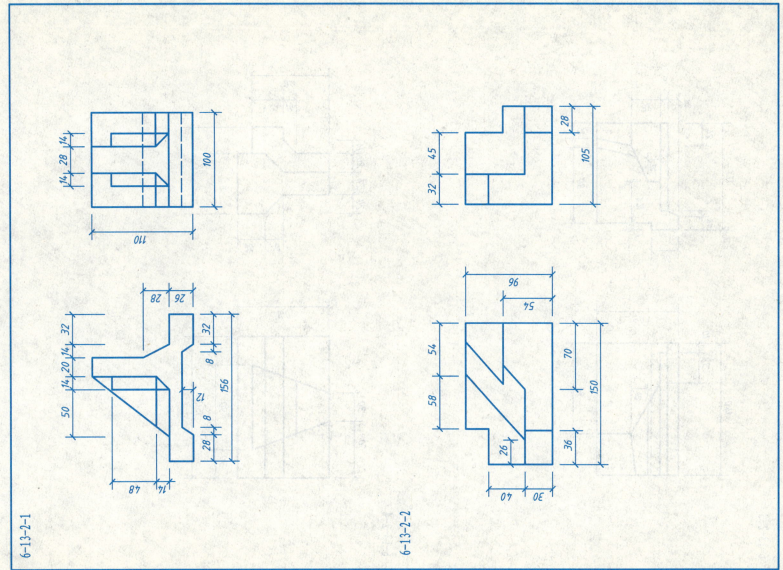

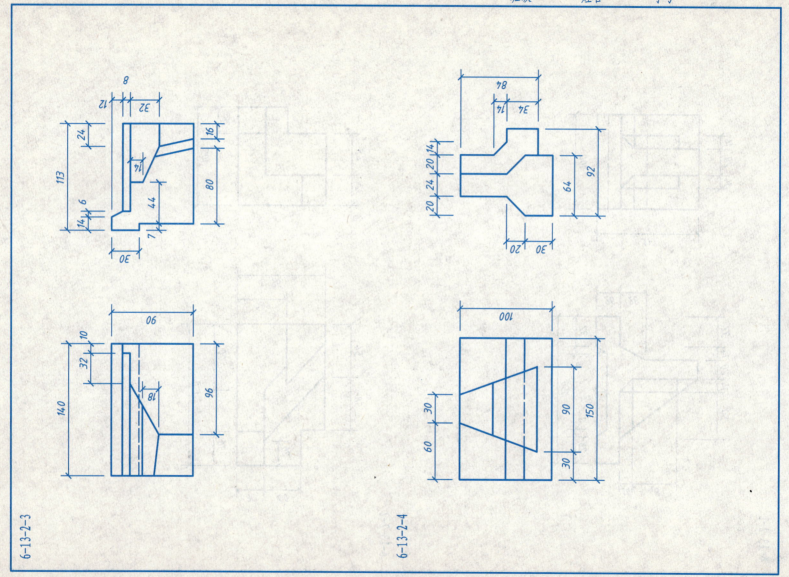

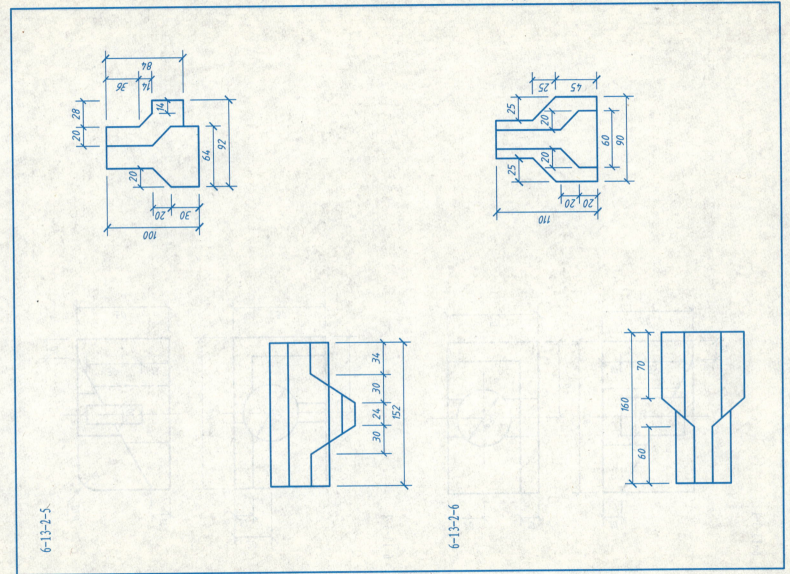

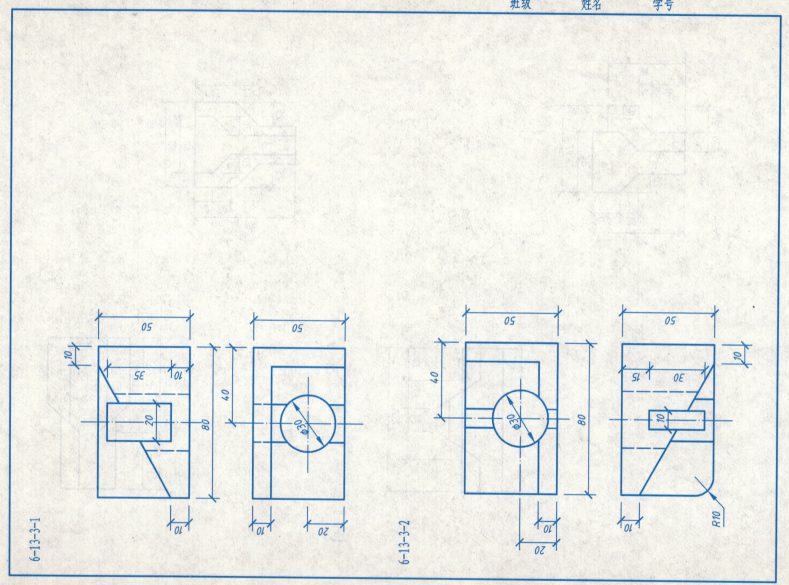

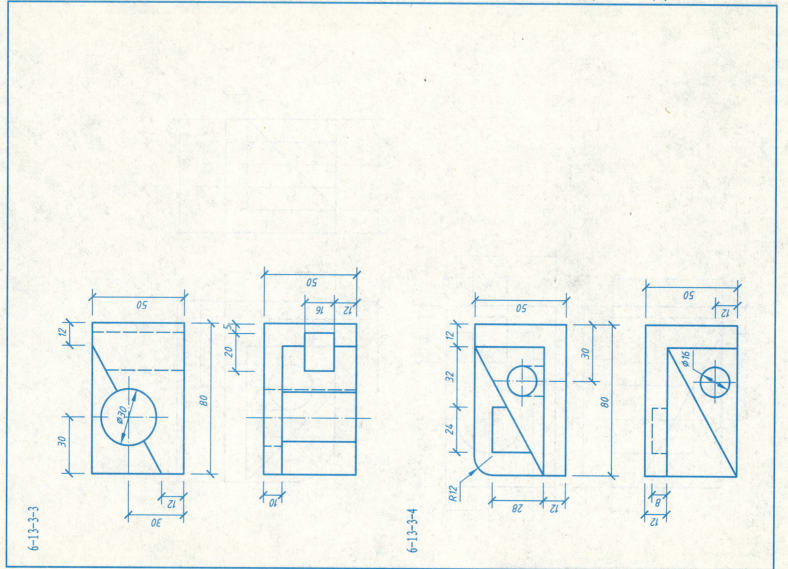

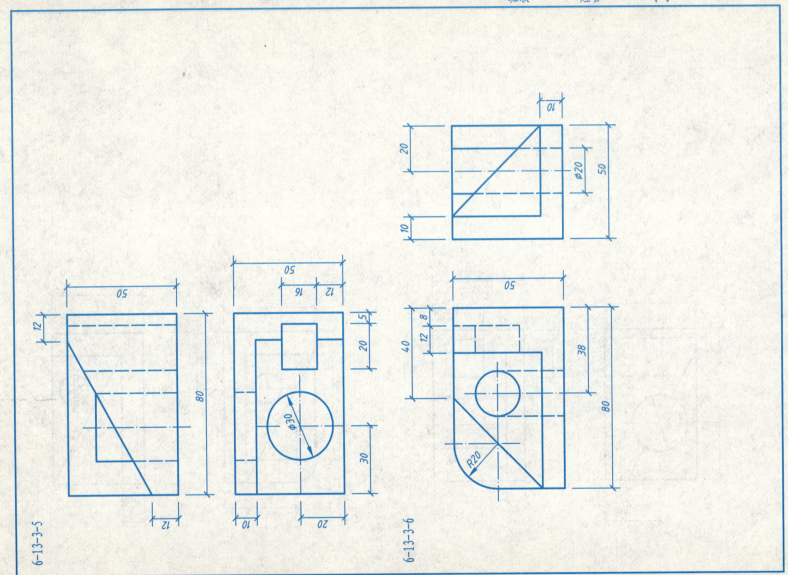

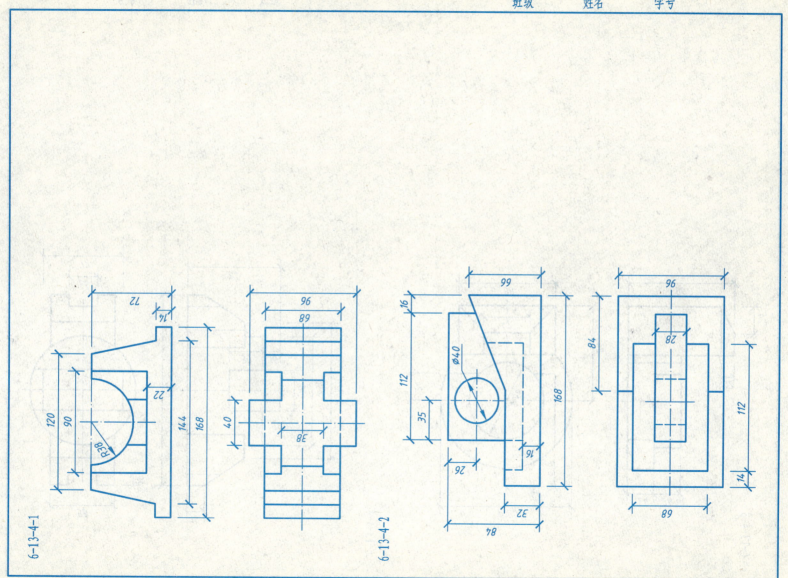

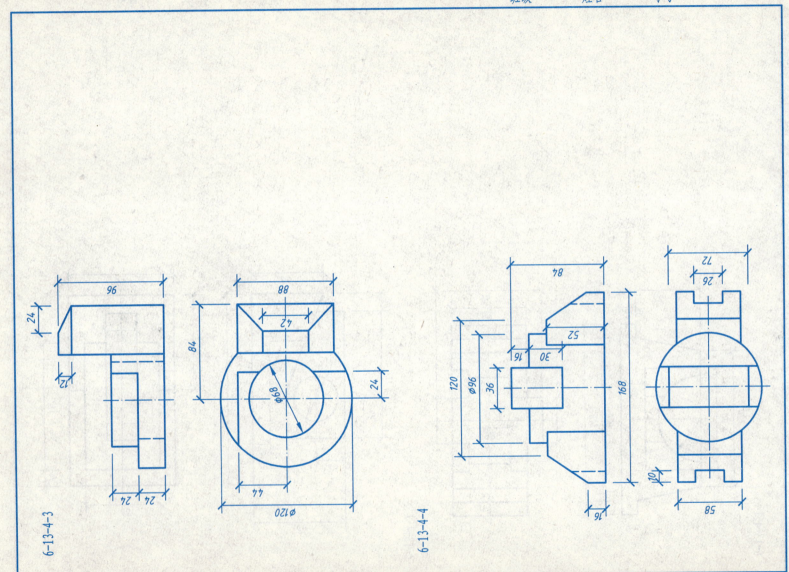

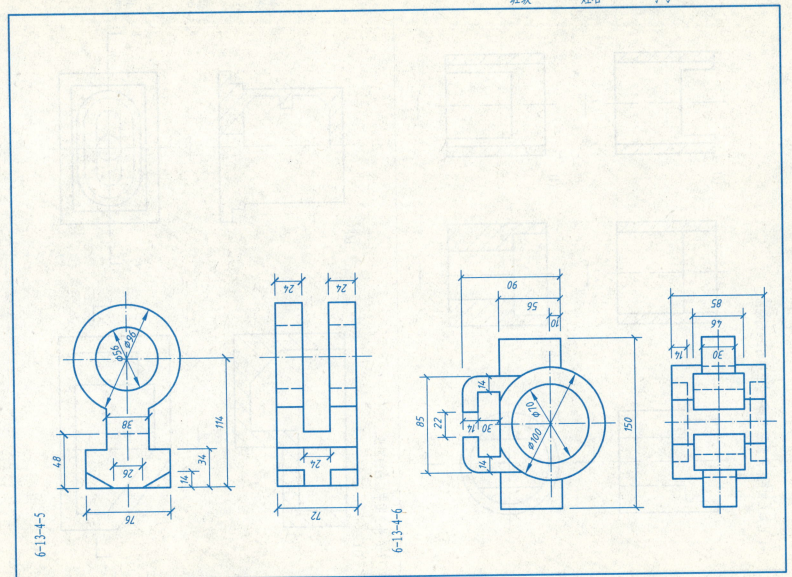

7. 图样画法

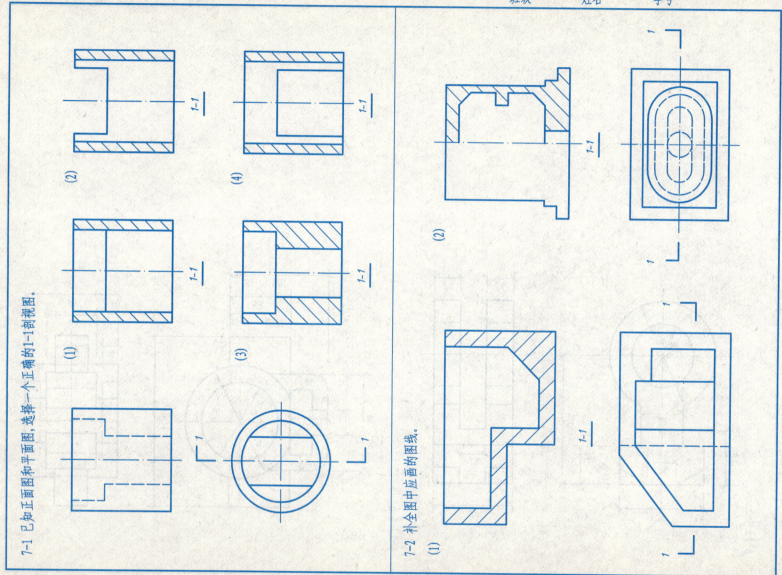

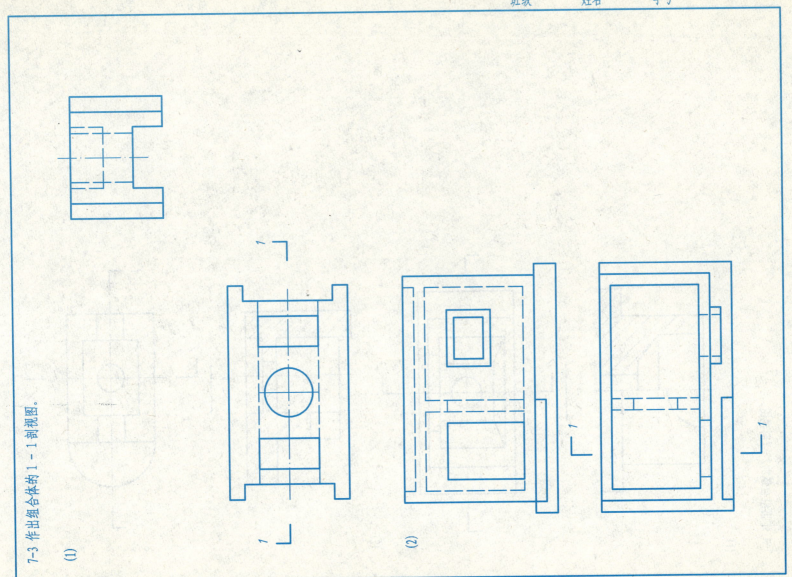

班级　　姓名　　学号

7-4 作出组合体的2-2剖视图。

(1)

(2)

100

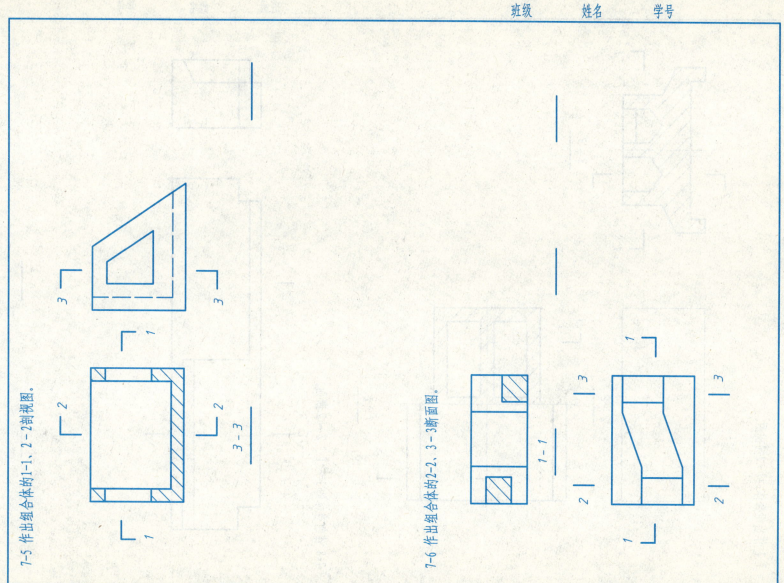

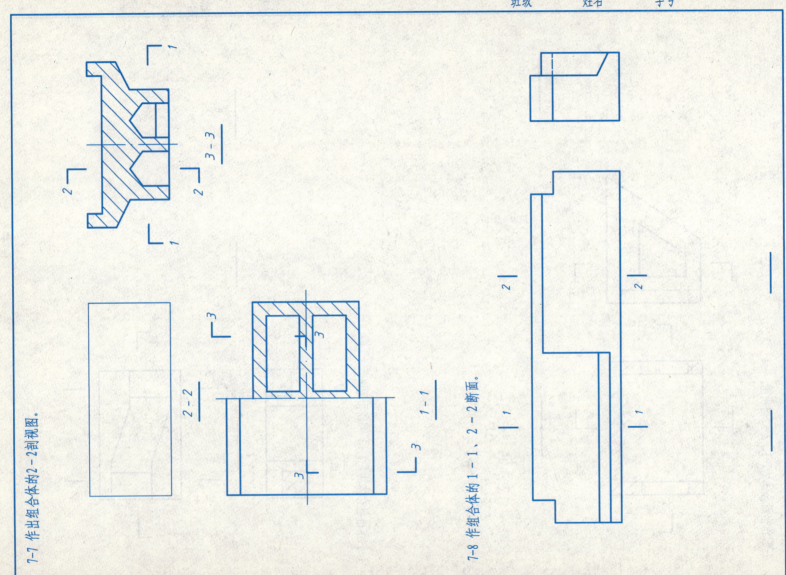

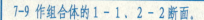

7-9 作组合体的 1-1、2-2 断面。

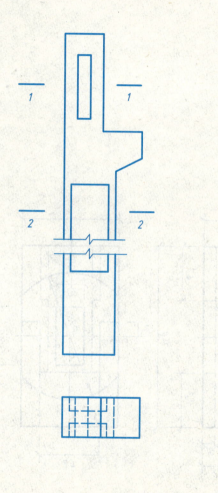

7-10 分别作出7-10-1-1至7-10-1-10、7-10-2-1至7-10-2-10中教师指定分题的第三视图，并作适当的剖视。

7-11 在竖放的A3幅面的图纸上，根据给定的比例，用仪器画出组合体的三视图，并标注尺寸。其中正立面图和左侧立面图应画成适当的剖视图。同时按下面的要求画组合体的轴测图。共有两题，每题有十个分题，画哪个分题由教师指定。本作业图名为"组合体（二）"。

（1）分题7-10-1-1至7-10-1-10，画在图纸的上部，比例 1：2，剖切位置自定，并画出组合体的轴测图，轴测图上将组合体剖去大约四分之一。轴测图的种类自行选定。

（2）分题7-10-2-1至7-10-2-10，画在图纸的下部，比例 1：5，按指定位置剖切。

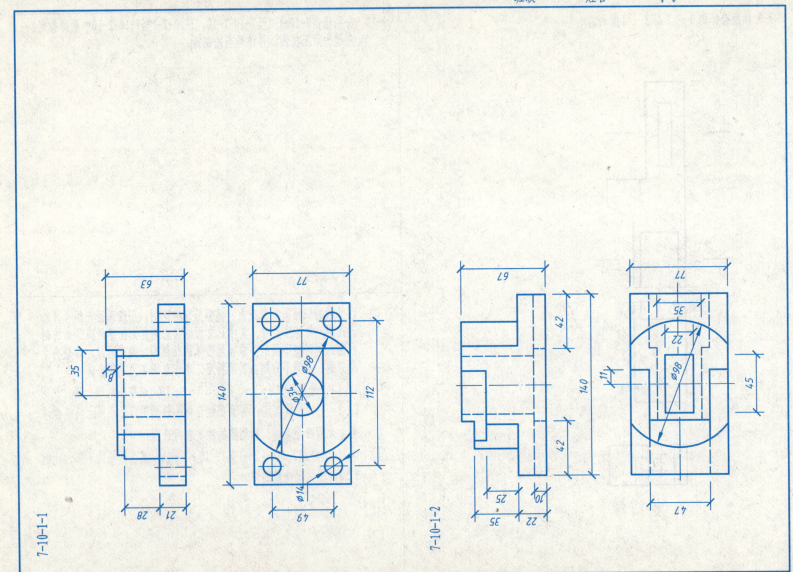

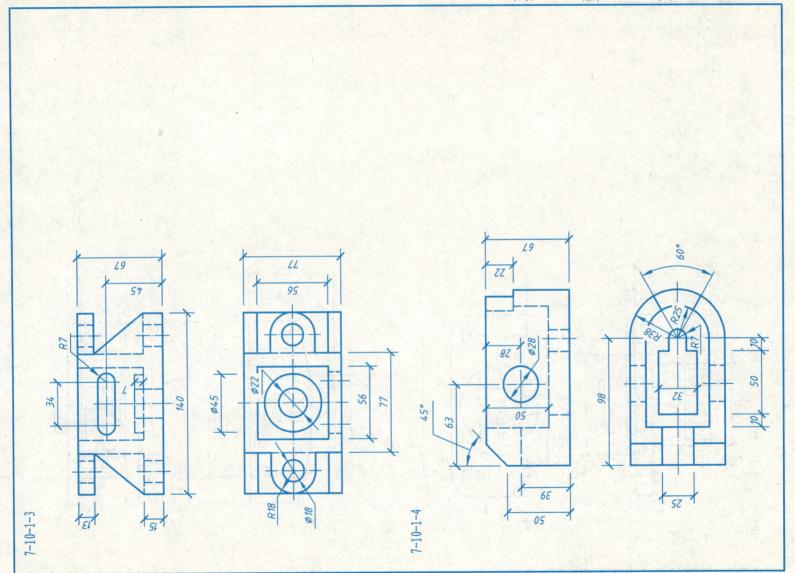

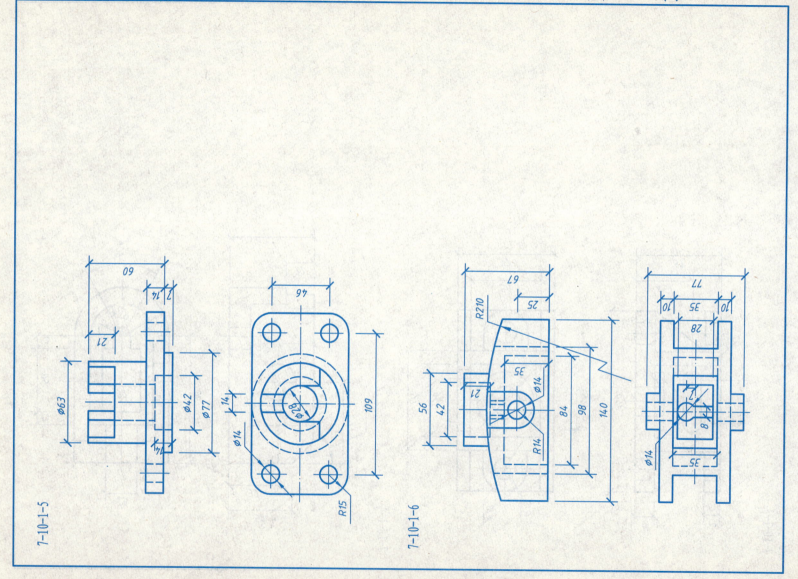

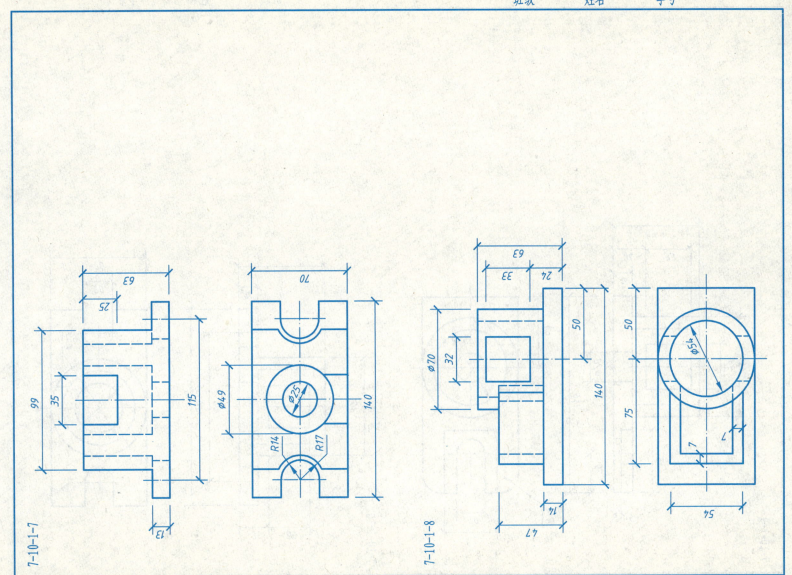

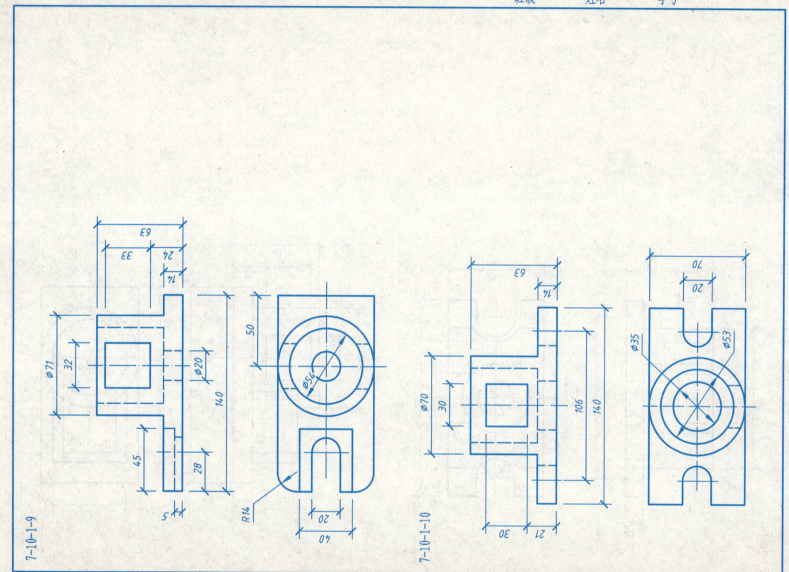

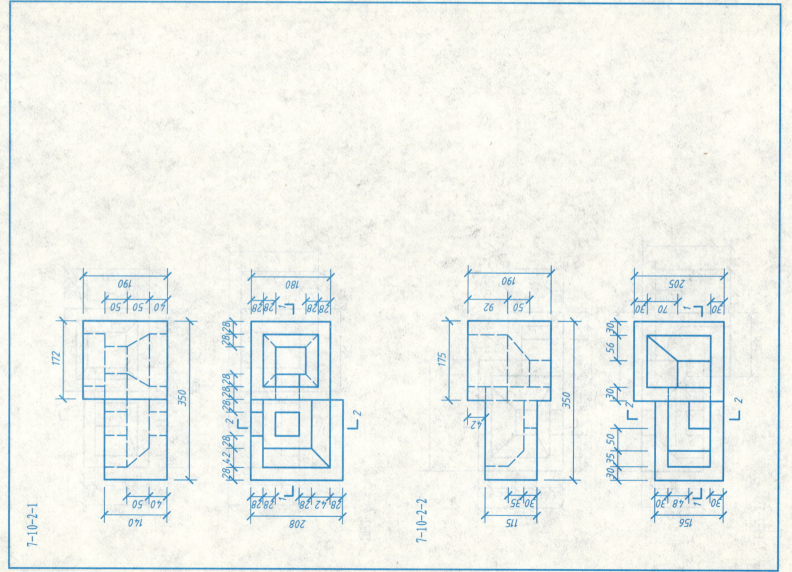

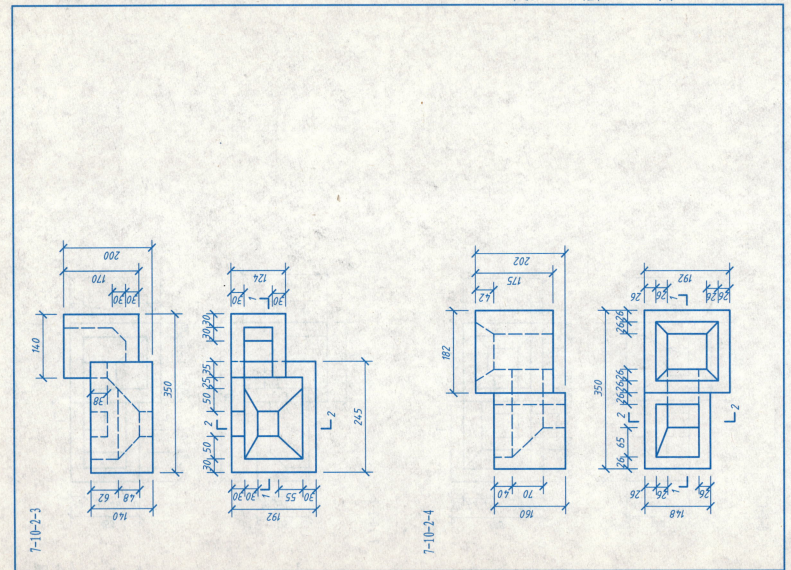

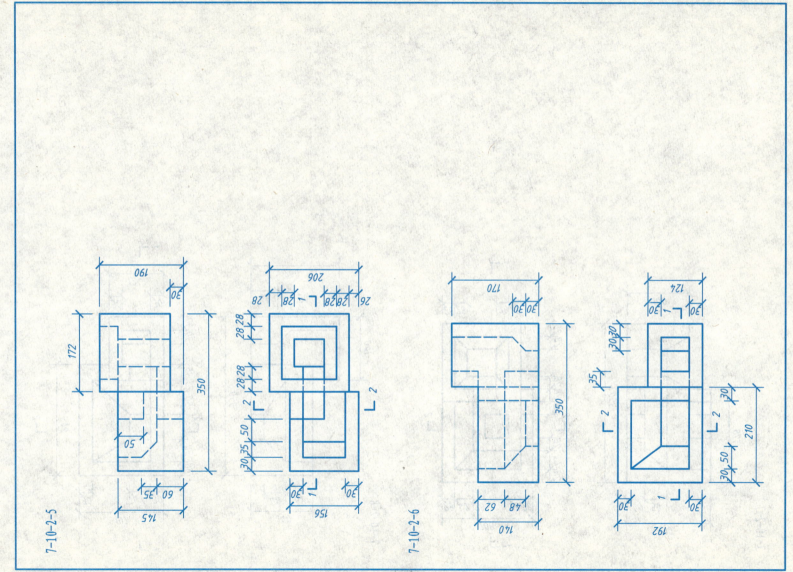

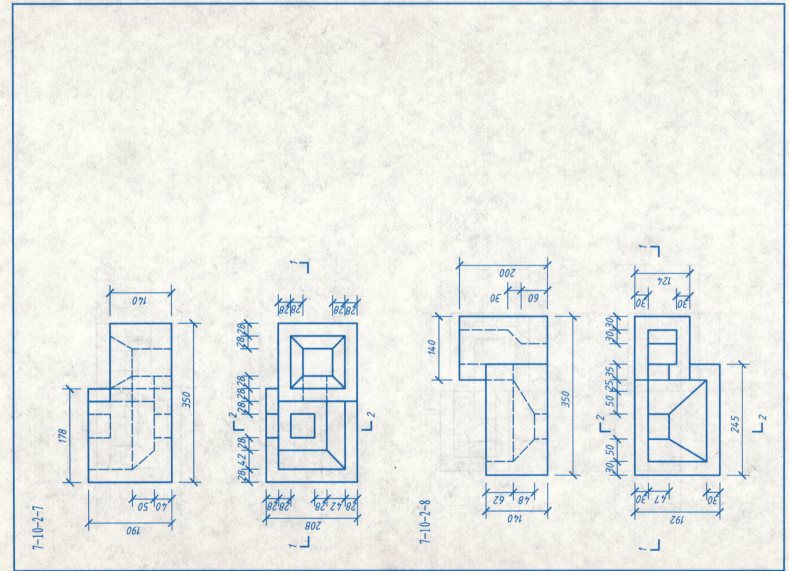

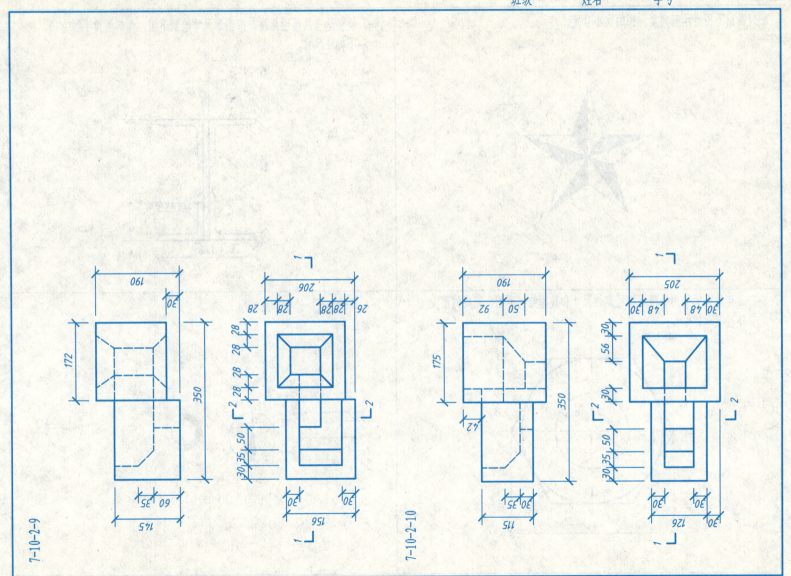

8. 绘图软件AutoCAD的基本用法和二维绘图

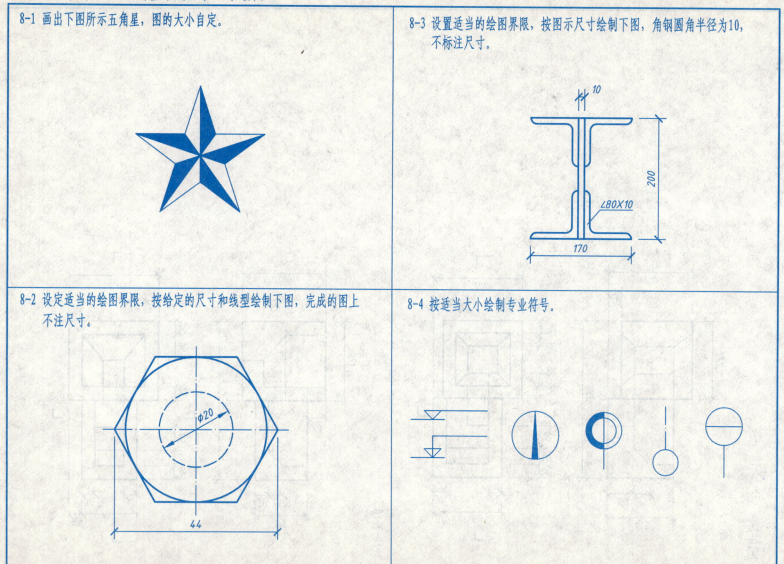

8-5 按适当大小绘制专业图例。去掉图例上部的地平线后分别将它们作成块存到磁盘上。

8-7 参考以下体育图标,自行创意设计一个别的运动图标。

8-6 按适当大小画阴阳鱼。

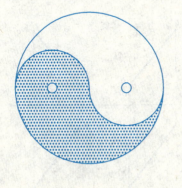

8-8 按适当大小绘制下图所示月亮门。

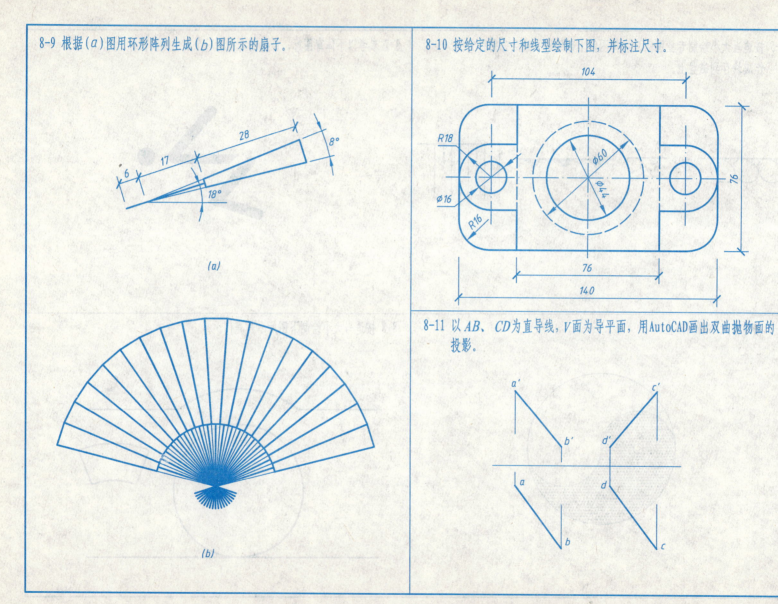

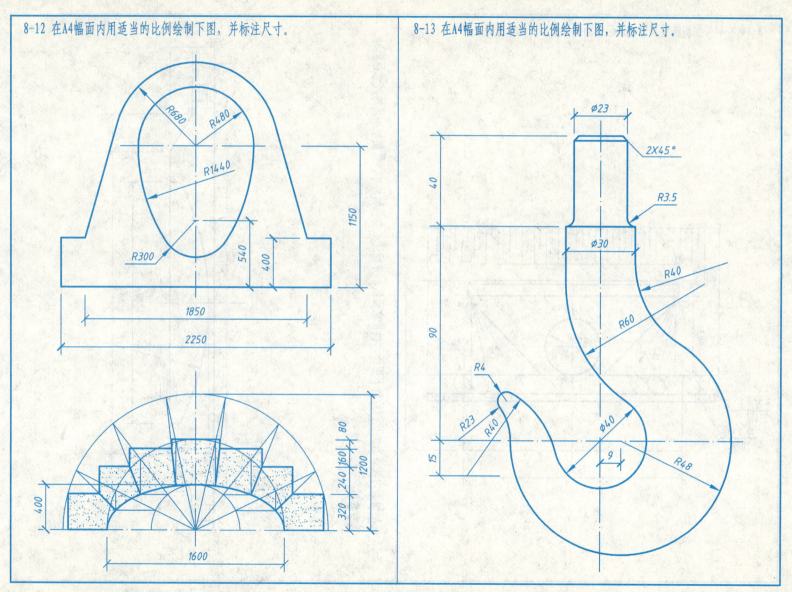

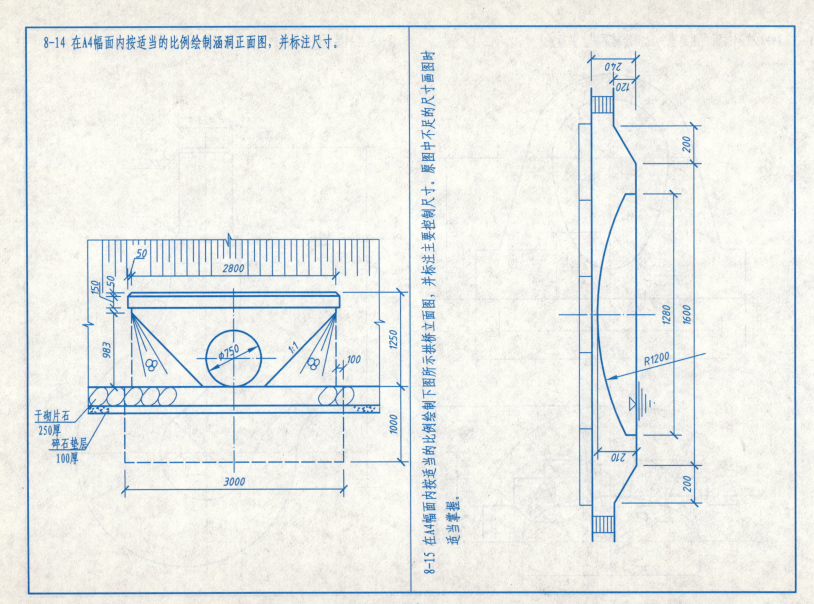

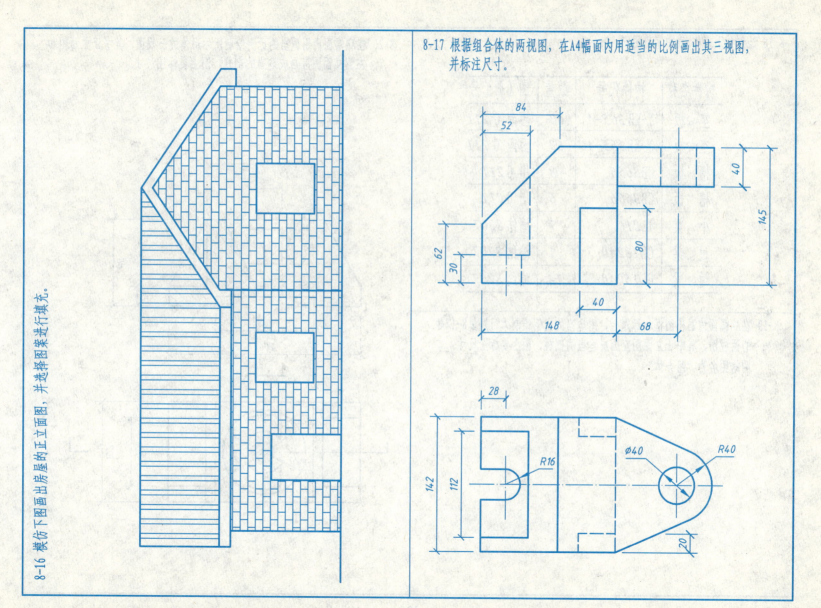

8-18 绘制如下表格，表中字符用5号字：

构件名称	构件代号	数量	图（册）号
空心板	Y-KB 365-4	63	西南 G 211
空心板	Y-KB 365-4	63	西南 G 211
槽　板	CB 3656	8	川 G 211
槽　板	CB 3656	6	川 G 211
小　梁	L 21	7	渝结 8207
过　梁	GL 18240	1	渝结 8207
过　梁	GL 15240	14	渝结 8207

8-19 在A4幅面内画出图框和标题栏，用适当的比例绘制本习题集8-17题的两视图，其中正立面图应画成适当的剖视，图上要标注尺寸。本图的图名为"组合体"。

8-20 在A4幅面内用适当的比例绘制所示形体的三视图，其中正立面图和左侧立面图应画成适当的剖视，图上要标注尺寸。

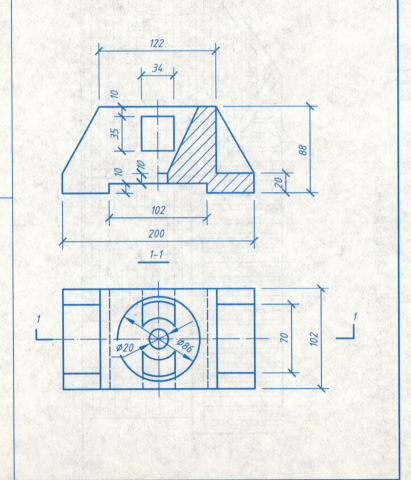

9. AutoCAD三维绘图

9-1 用二维多义线绘制母线,用旋转的方法生成旋转曲面,并选择三维视点观察它。

9-2 以 OO 直线为轴,旋转与其交错的直线 AB,生成单叶旋转双曲面,并选择三维视点消隐观察它。

9-3 自选带有曲面的物体,建立其三维表面模型,并选择三维视点消隐观察它。

9-4 建立图示台阶的实体模型,各部分尺寸自定,选择三维视点观察它。

9-5 按所注尺寸建立物体的实体模型,并选择三维视点观察它。

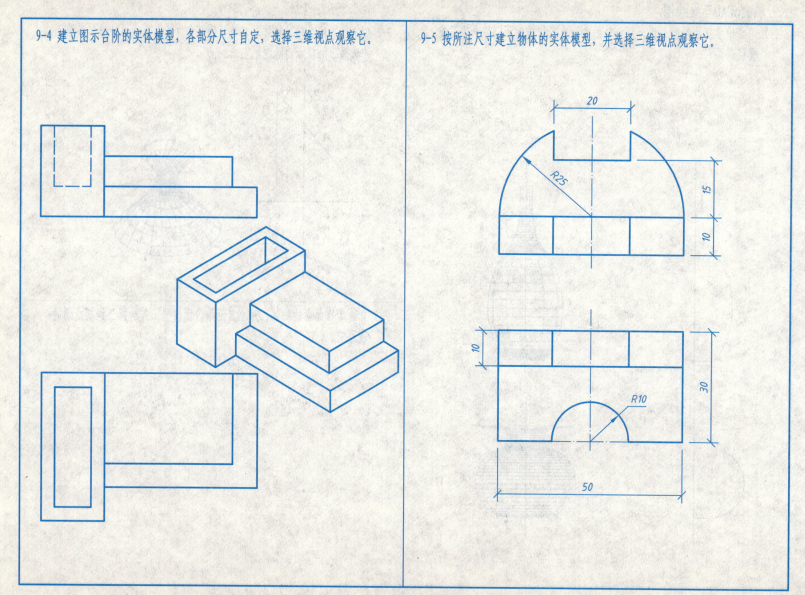

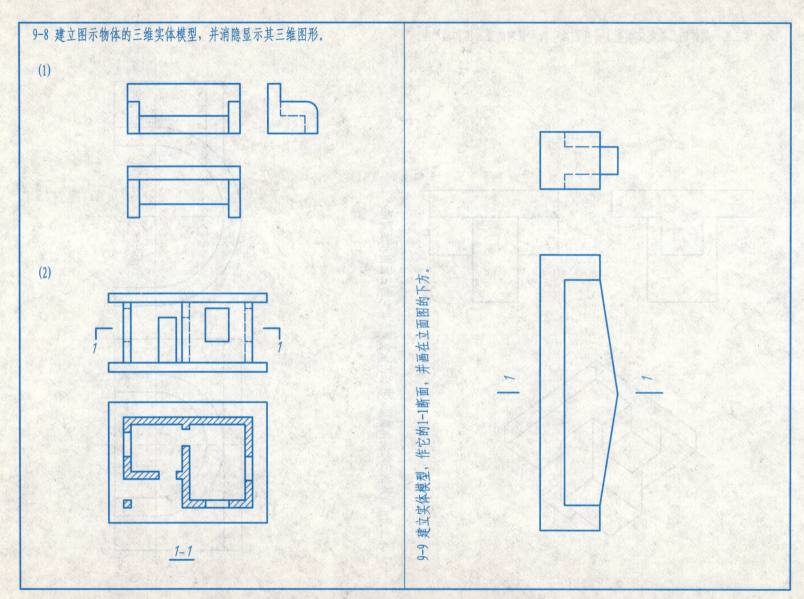

9-10 构造组合体的三维实体模型,然后将它切去四分之一,并加画剖面线。

9-11 建立图示台阶的实体模型,在图纸空间布置它的三面图及轴测图。

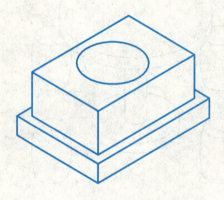

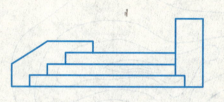

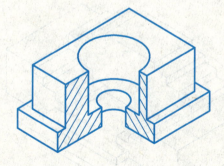

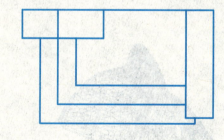

9-12 将作图平面的标高依次设置为 0、20、40、60、80，每次设置标高后随即在该作图平面内画出闭合的二维样条曲线，标高越大，曲线的闭合范围越小。再在最后的闭合范围内画一个三维点，使其标高为 85。试以上述曲线和点为横截面，用放样的方法生成小山头的三维实体模型。

9-13 建立三维实体模型，附着材质进行渲染。

(1)

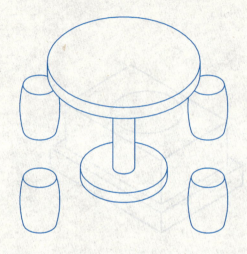

(2)

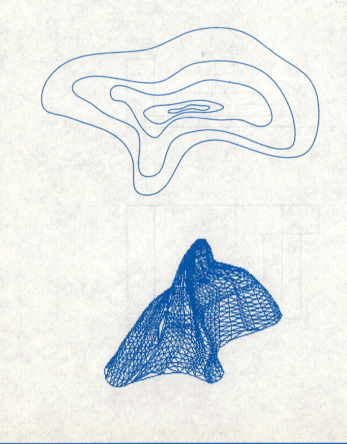

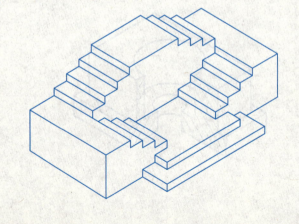

9-14 建立三维模型，附着适当的材质进行渲染。

9-15 建立三维实体模型，画出它的三面图和轴测图，侧面图作成剖视，平面图和正面图上用虚线表示隐藏线。

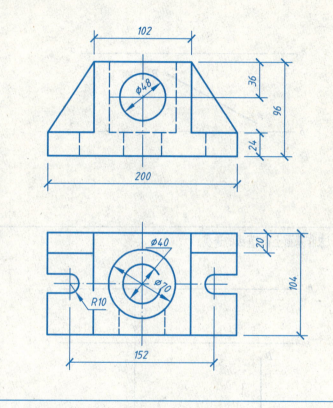

9-16 进行三维造型创作，要求：
　1. 形体要接近实际，例如可模拟工程建筑物、机电产品、生活用具等；
　2. 组成模型的基本形体不少于3个，应同时有平面体和曲面体；
　3. 要渲染出效果图。

10. 透视投影

班级　　姓名　　学号

10-1 求作基面上 AB 直线的透视。

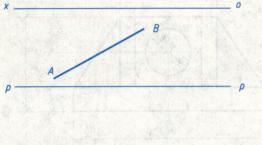

10-3 求作高于基面 18mm 的水平线的透视。

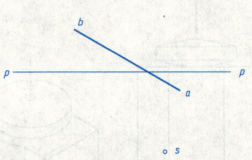

10-2 求作基面上 CD 直线的透视。

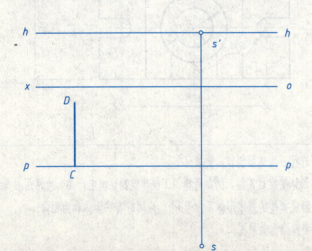

10-4 求作高于基面 20mm 的 CD 直线的透视。

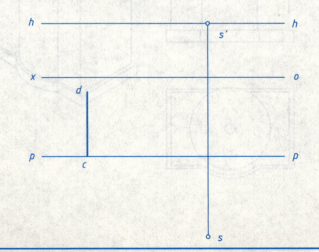

10-5 已知画面平行线 AB 的水平倾角为 30° 及 a′ 的位置，并知 B 点比 A 点低，求作直线 AB 的基透视和透视。

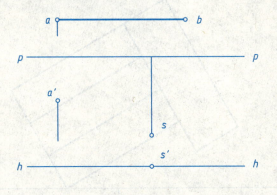

10-7 求作基面上 L 形平面图形的一点透视。

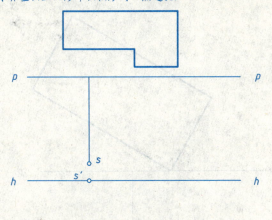

10-6 求作铅垂线 CD 的透视。

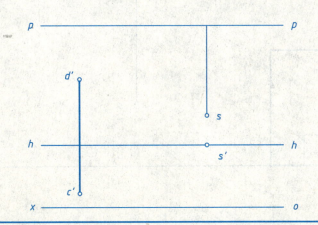

10-8 求作基面上图示图形的两点透视。

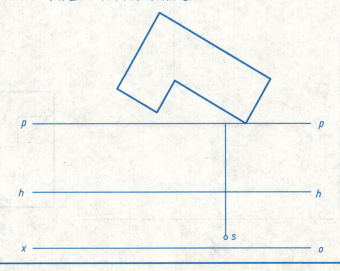

10-9 求作长方体的两点透视。

10-10 求作台阶的两点透视。

左侧立面图

10-11 用建筑师法求作建筑形体的两点透视（要求画出降低的透视平面图）。

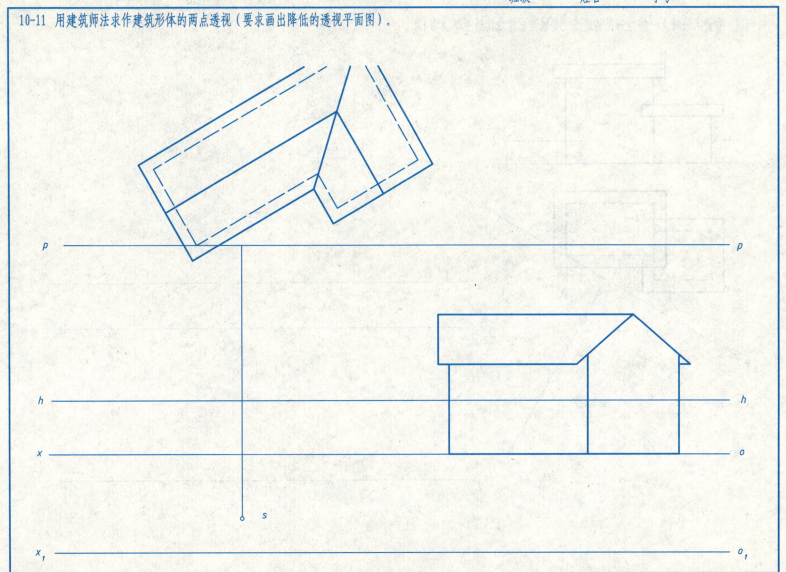

10-12 用量点法放大一倍作房屋的透视（要求画出降低的透视平面图）。

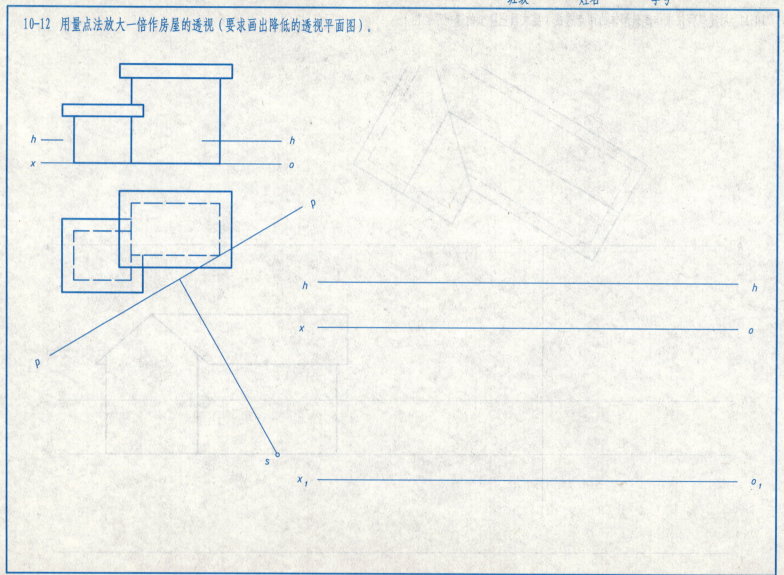

10-13 放大一倍作室内的一点透视和降低的透视平面图。

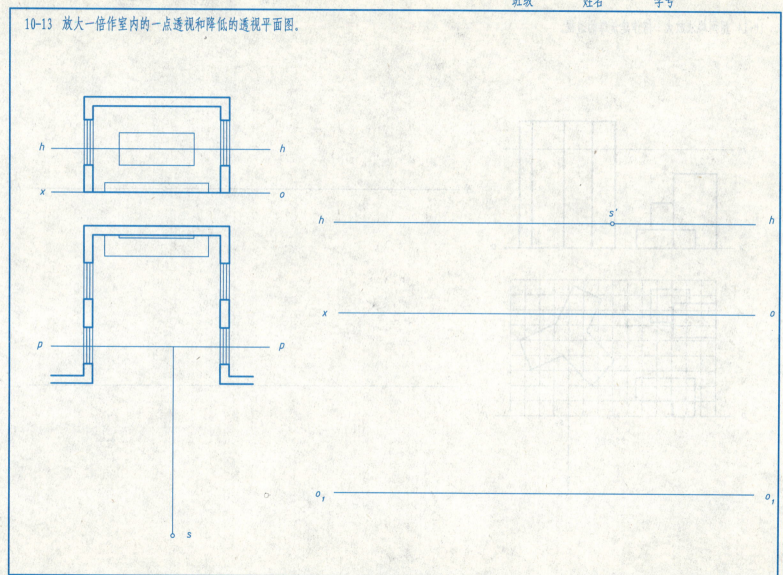

10-14 用网格法放大一倍作建筑群的透视。

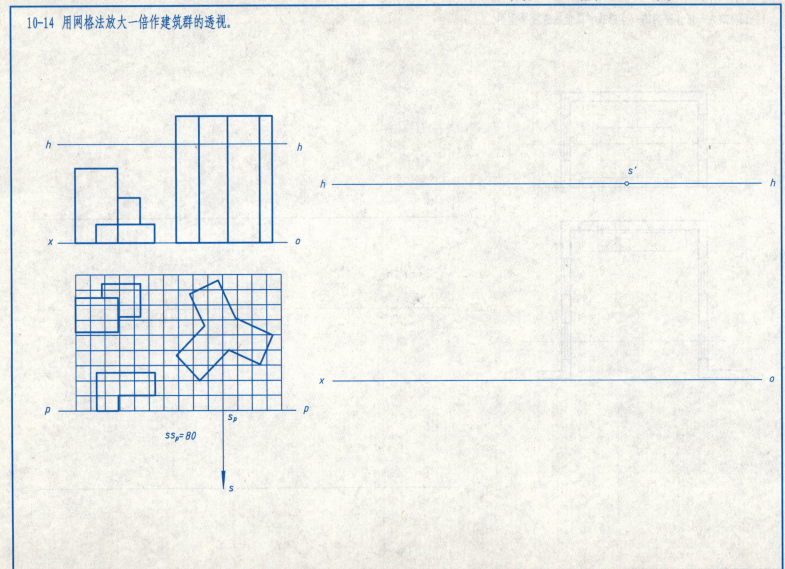

10-15 已知房屋正、侧立面图上的分格情况，试在透视图中画出这些分格线。

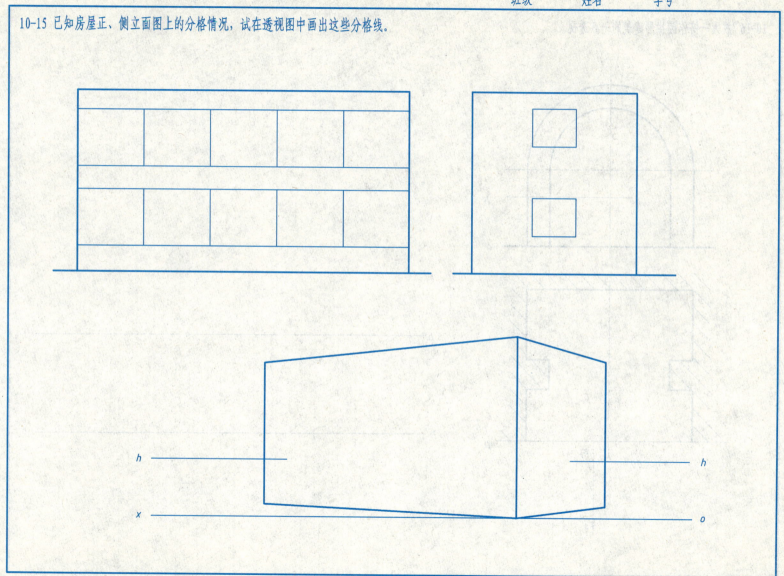

10-16 放大一倍作圆拱形建筑的一点透视。

10-17 放大一倍作圆拱门的透视。

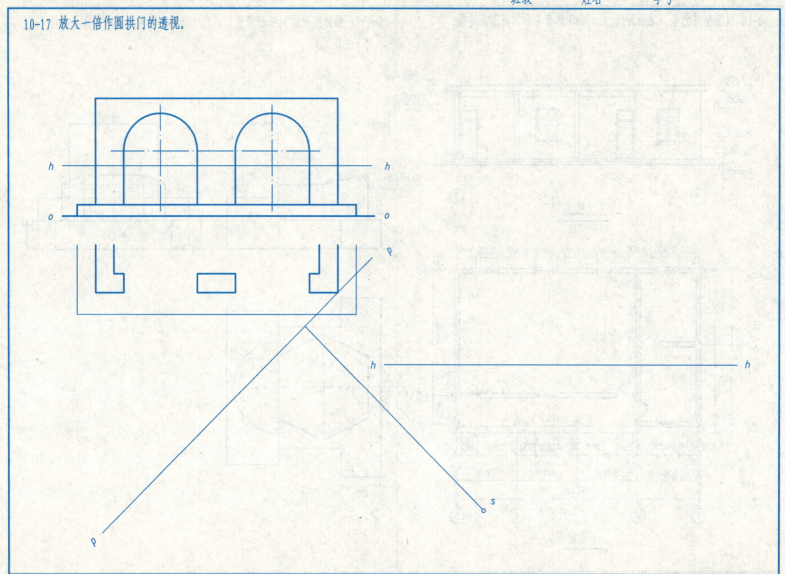

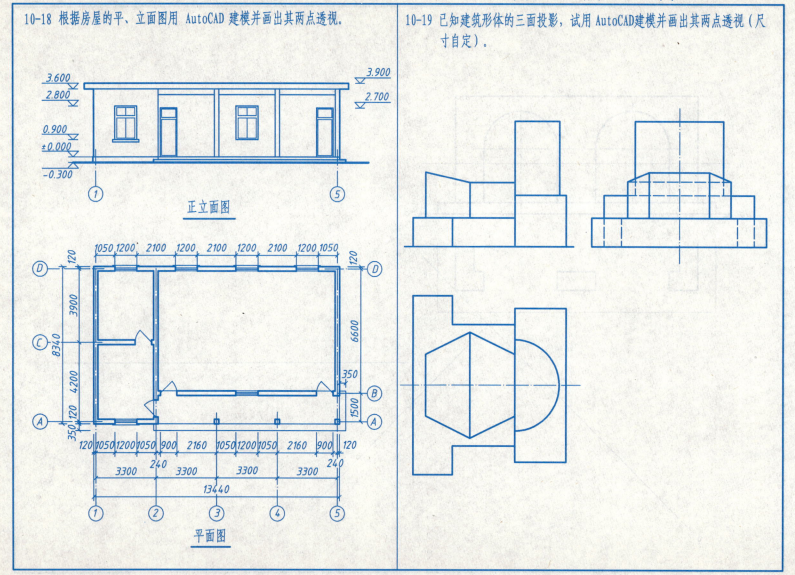

11. 标高投影

班级　　　姓名　　　学号

11-1 求 AB 直线的坡度，并作出线段上整数标高的点。（比例 1∶100）

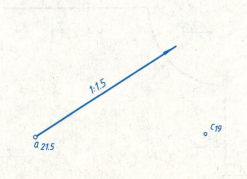

11-2 过 C 点作与已知直线相交的水平线 CD。（比例 1∶100）

11-3 已知地面上 A、B、C 三点的标高如图所示，从这三点打竖井，井深分别为 29、30、25 时遇到岩层，试求该岩层层面的坡度。（比例 1∶200）

11-4 地面的标高为0，地下岩层层面上三点 A、B、C 的标高如图所示，拟在地面上 D 点处打桩，问：桩的埋深需要多少才能触到基岩？（比例 1∶200）

11-5 地面标高为0,坑底标高为-2,挖土边坡坡度如图所示,求开挖边界及坡面间的交线。(比例 1:200)

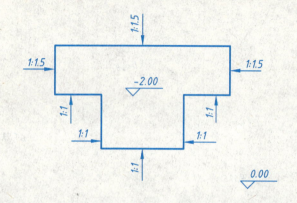

11-7 地面标高为0,平台顶面标高为2,下图均为平台的一角,求坡脚线及坡面间的交线。(比例 1:200)

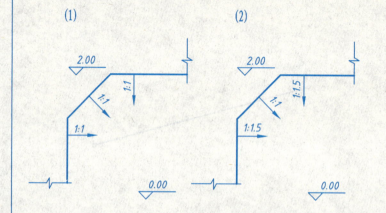

11-6 地面标高为0,填土坡度为1:1,求作两土堤坡面间及坡面与地面间的交线。(比例 1:200)

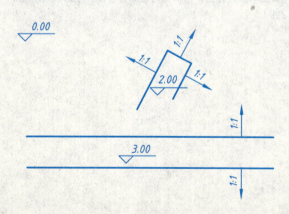

11-8 地面标高为0,平台顶面标高为3,填土坡度如图所示,求坡脚线及坡面间的交线。(比例 1:200)

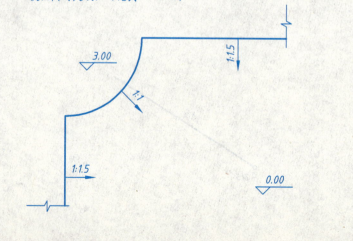

11-9 地面左侧标高为2，右侧标高为0，中间为一斜坡。在图示位置修筑标高为3的矩形场地，填土坡度为 1∶1.5，求填土边界及坡面间的交线。（比例 1∶200）

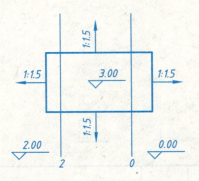

11-11 在1∶3的斜坡上修筑圆形平台，填方坡为1∶1.5，挖方坡度为1∶1，试作出填挖边界线，并注明是什么曲线。（比例 1∶200）

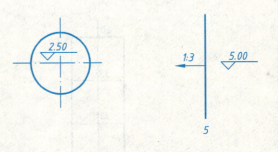

11-10 地面标高为0，顶面标高为0.5的矩形平台一部分建在1∶2的斜坡上，填方坡度为1∶1.5，挖方坡度为1∶1，试作出填挖边界及平台各坡面间的交线。（比例 1∶200）

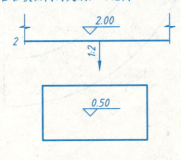

11-12 坡度为1∶8的倾斜道路把标高为2.5的平台与标高为0的地面连接起来，各坡面的填土坡度如图所示。求作填土边界及各坡面间的交线。（比例 1∶500）

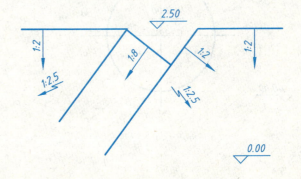

141

11-13 圆形坑底和地面的标高如图所示，圆坑坡面的坡度为1∶1.5，坡道两侧坡面的坡度为1∶1，求作坡面间、坡面与地面的交线。（比例 1∶200）

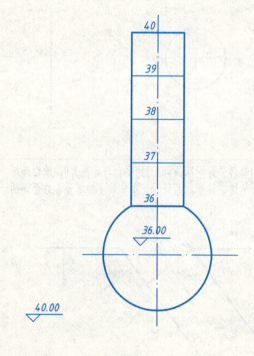

11-14 在标高为5的地面上修建一圆弧形坡道通向标高为9的水平场地，弧形坡道两侧边坡及场地边坡坡度均为1∶1.5，求作坡脚线及坡面间的交线。（比例 1∶200）

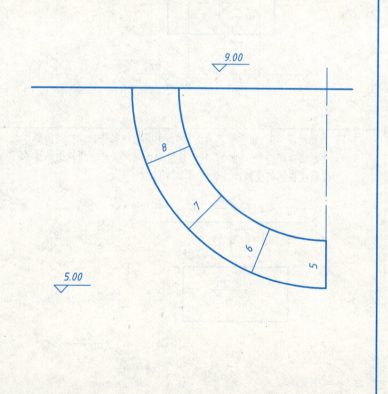

11-15 管道AB的水平长度为150m，求作管道与地面的交点，并用虚线表示管道埋入地面的部分。（比例 1：2000）

11-16 道路两侧开挖边坡坡度为1：0.5，填土边坡坡度为1：1，求作填挖边界线。（比例 1：500）

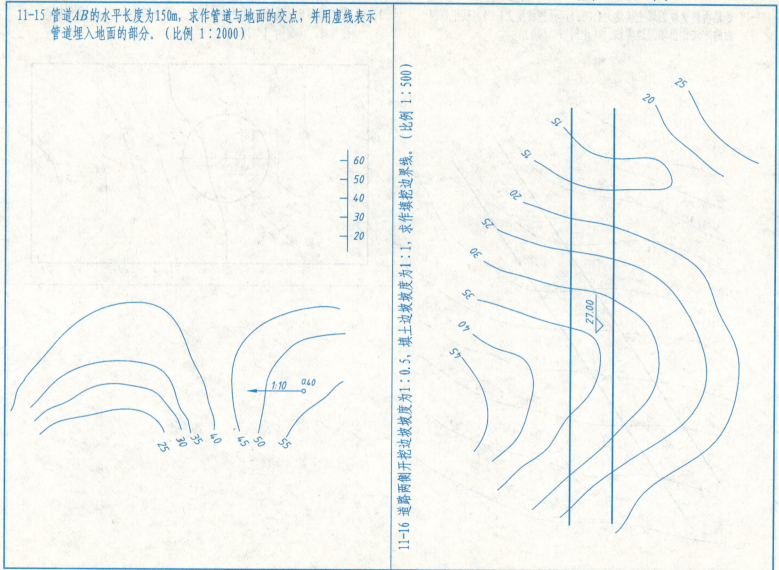

11-17 道路两侧边坡的填土坡度为1:1.5，开挖坡度为1:1，试用作断面的方法作出填挖边界线。（比例 1:500）

11-18 修筑圆形场地的填方坡度为1:1.5，挖方坡度为1:1，求作填挖边界线。（比例 1:200）

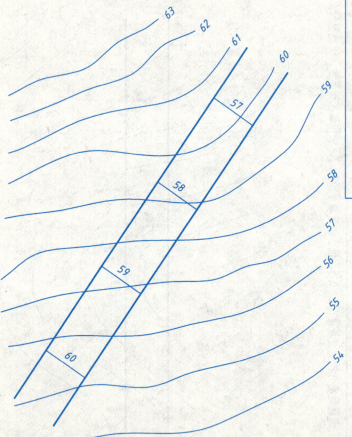
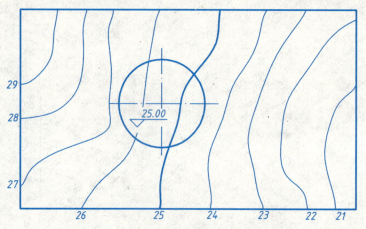

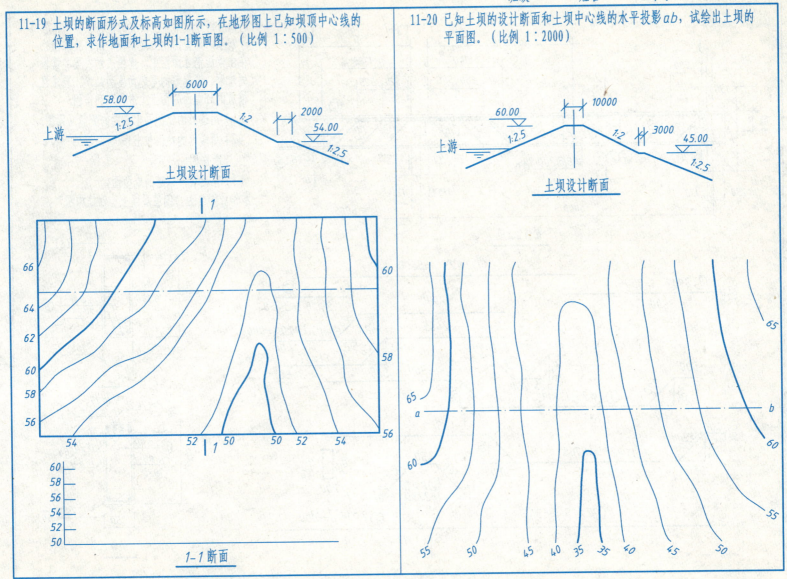

12. 钢筋混凝土结构图

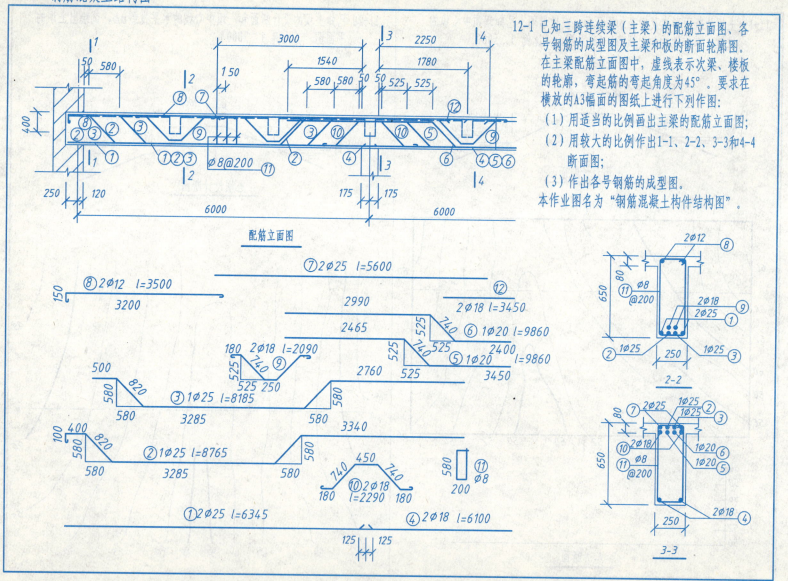

12-1 已知三跨连续梁（主梁）的配筋立面图、各号钢筋的成型图及主梁和板的断面轮廓图。在主梁配筋立面图中，虚线表示次梁、楼板的轮廓，弯起筋的弯起角度为45°。要求在横放的A3幅面的图纸上进行下列作图：

(1) 用适当的比例画出主梁的配筋立面图；
(2) 用较大的比例作出1-1、2-2、3-3和4-4断面图；
(3) 作出各号钢筋的成型图。

本作业图名为"钢筋混凝土构件结构图"。

12-2 已知梁平法施工图的一部分，图中各梁由平面注写方式标注其配筋数据，对于梁布置过密的区域，采用截面注写方式标注1-1、2-2、3-3断面的配筋情况。试根据平法标注的数据，按截面注写方式的要求画全4-4断面图。

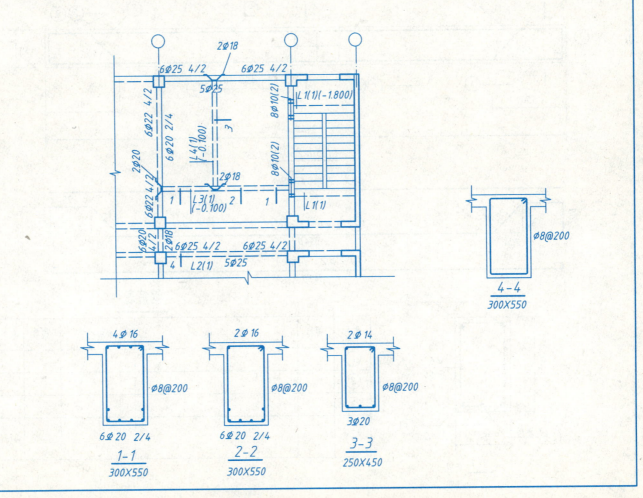

12-3 已知梁的配筋立面图、1-1断面图和各号钢筋的成型图。要求用AutoCAD在竖放的A4幅面上进行下列作图，并输出到A4幅面的图纸上：
(1) 用适当比例画出梁的配筋立面图； (2) 用较大比例画出1-1、2-2断面； (3) 作出各号钢筋的成型图并填写钢筋表。
本作业图名为"钢筋混凝土梁结构图"。

L(150×250) 1:25

③ 2 φ6 l=3490

② 1 φ14 l=4054

① 2 φ12 l=3640

④ φ6 @150

钢筋表

编号	规格	简　　图	单根长度	根数	总长 (m)	重量 (kg)
①						6.46
②						4.91
③						1.55
④						3.73

1-1 1:10

12-4 在A4幅面上用AutoCAD绘制下图所示箱形涵洞钢筋混凝土盖板钢筋图,并加画2-2断面,书写附注,附注内容为"本图尺寸除钢筋直径、长度以毫米(mm)计外,其余均以厘米(cm)计",要求重新布置图面,图的比例自行选定。
(说明:本图中的字母N表示钢筋编号,1-1断面下方的表格内填写的是下排钢筋的编号,构件的外形尺寸及钢筋的定位尺寸均以厘米为单位。)

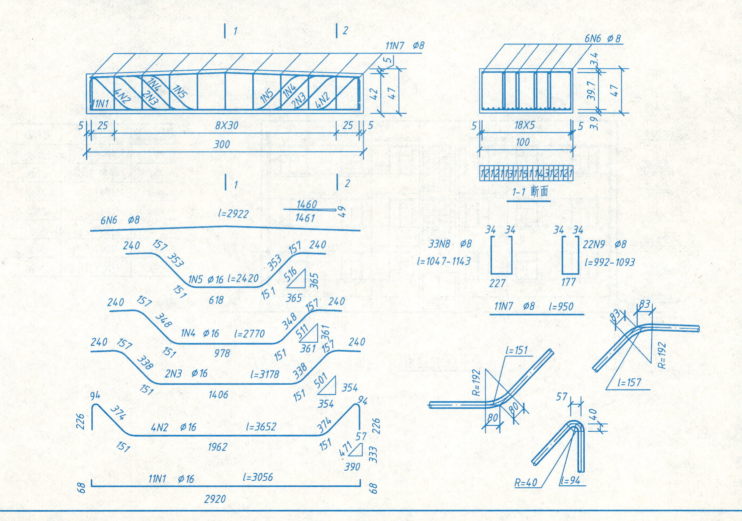

13. 房屋建筑图

13-1 下图是某住宅的①~⑨立面图及它的门窗表，后续7页是它的底层平面图、1-1剖面图、详图等资料。试在A2幅面的图纸上画出该房屋的二层平面图、⑨~①立面图，并抄绘1-1剖面图。图上应标注尺寸。本作业图名为"房屋建筑图"。

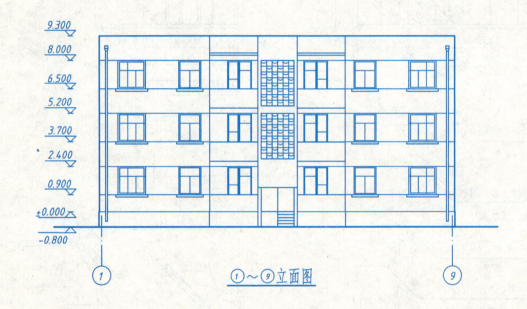

①~⑨立面图

门窗表(mm)

门窗代号	洞口宽	洞口高
M-1	900	2100
M-2	2400（四扇）	2400
M-3	900	2400
M-4	700	2000
C-1	1500	1500
C-2	1200	1500
C-3	1300（门连窗）	2400

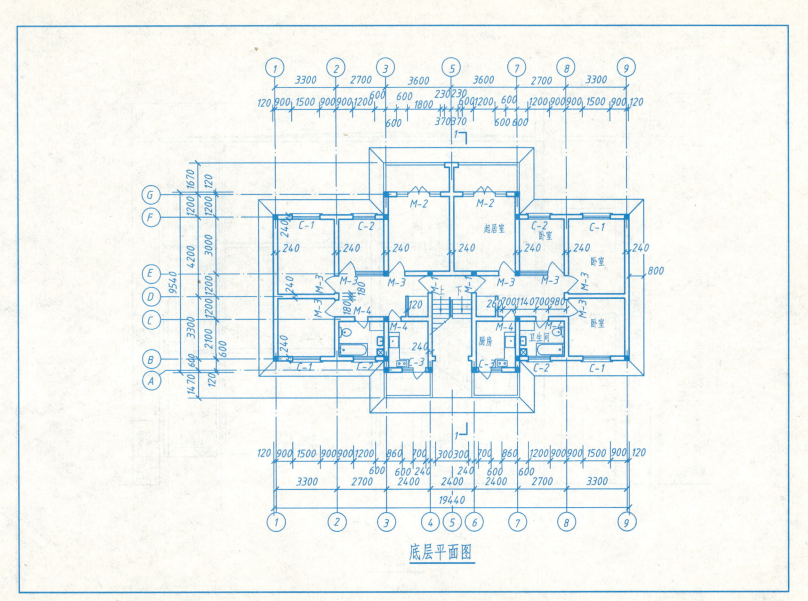

底层平面图

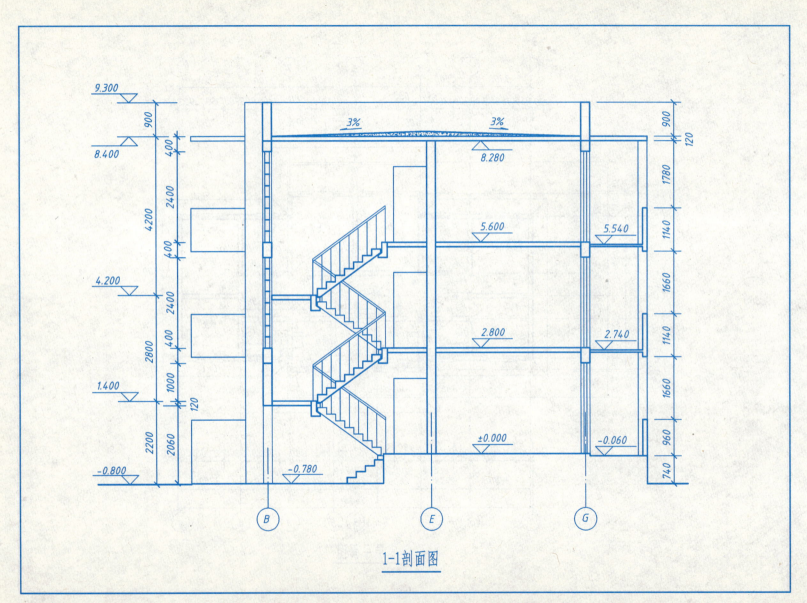

1-1剖面图

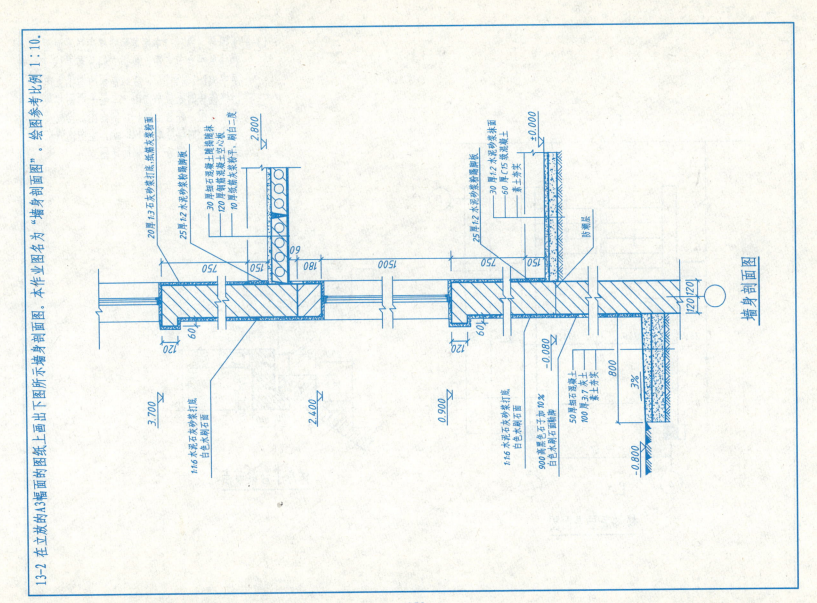

13-3 下图是习题13-1中房屋的楼梯底层平面图和休息平台节点图，根据它们并参考13-1题中的1-1剖面图，在A2幅面的图纸上作出该楼梯的底层平面图、二层平面图和顶层平面图，并画出其1-1 剖面图，楼板及休息平台的厚度均为120 mm。绘图比例自选。本作业图名：楼梯间详图。

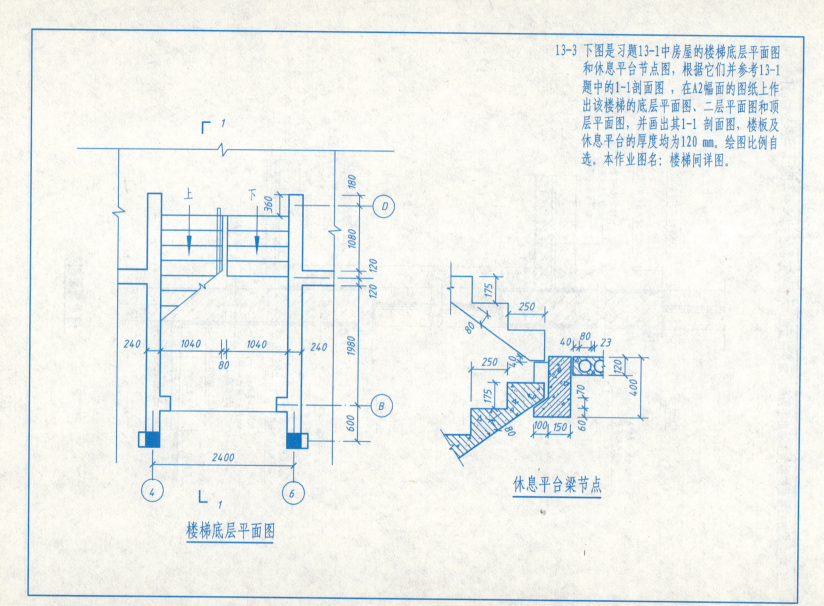

楼梯底层平面图　　休息平台梁节点

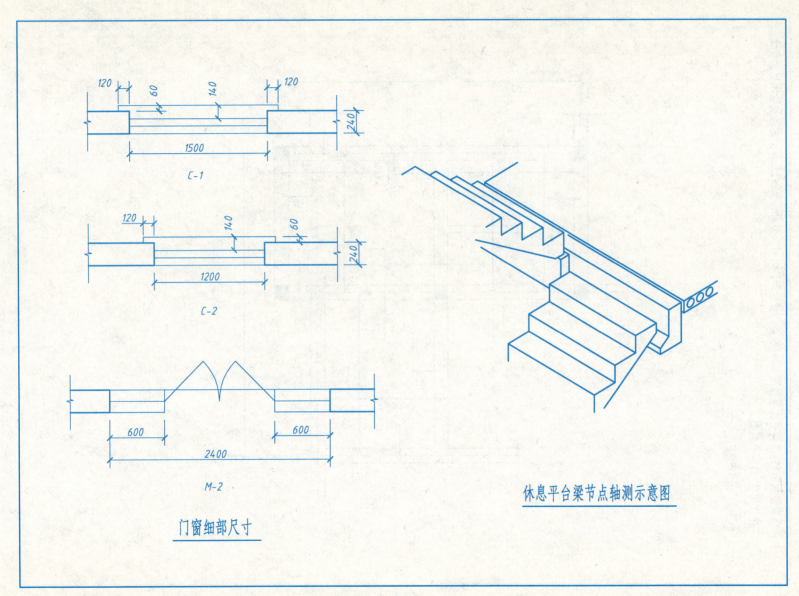

门窗细部尺寸

休息平台梁节点轴测示意图

13-4 读董现浇板B-1的结构平面布置图和1-1断面。抄绘B-1和1-1，并补画出2-2断面。图幅及绘图比例自选。

本作业图名：结构布置图。

（说明：1-1断面图印在下页上）

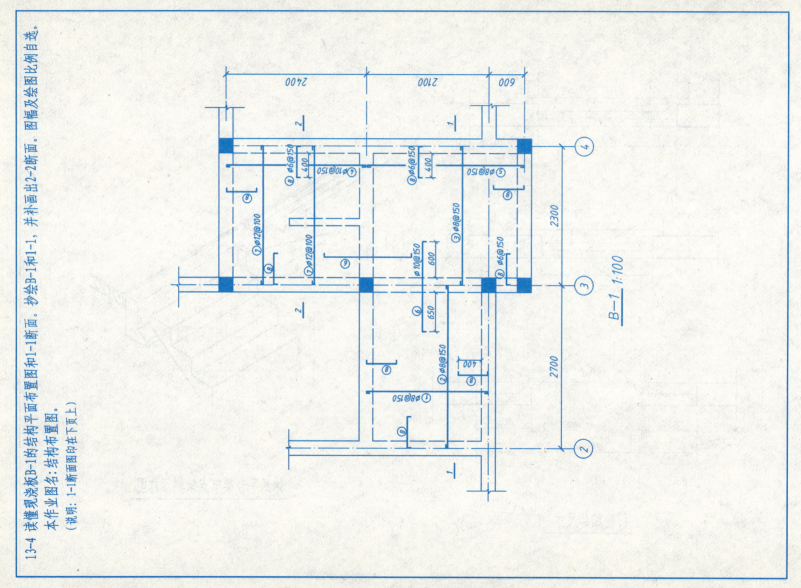

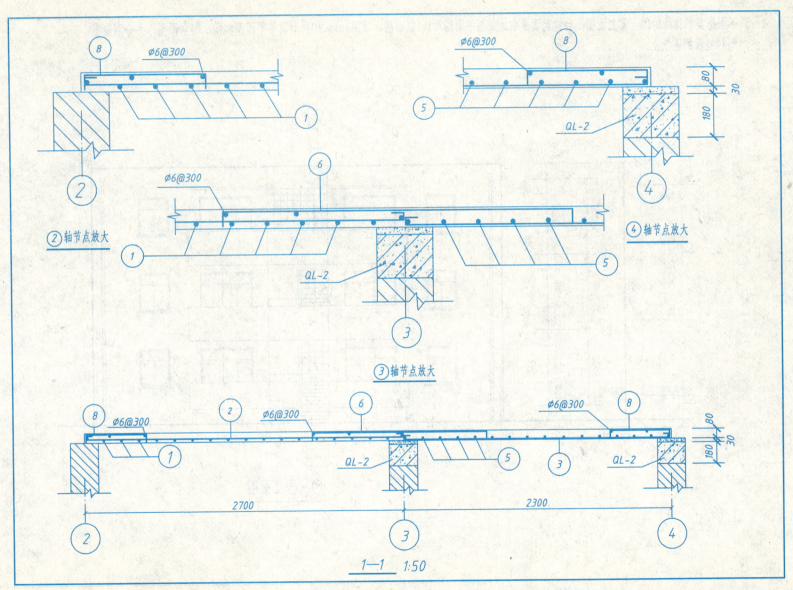

13-5 下图是某招待所的①~⑥立面图，后续两页是它的底层平面图和1-1剖面图，试用AutoCAD画出顶层平面图和⑥~①立面图，并分别输出到A4幅面的图纸上。

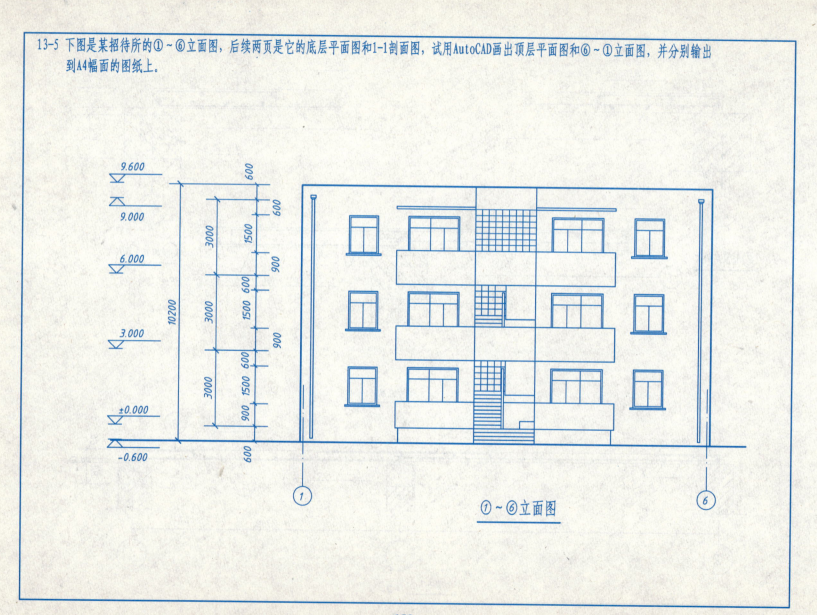

①~⑥立面图

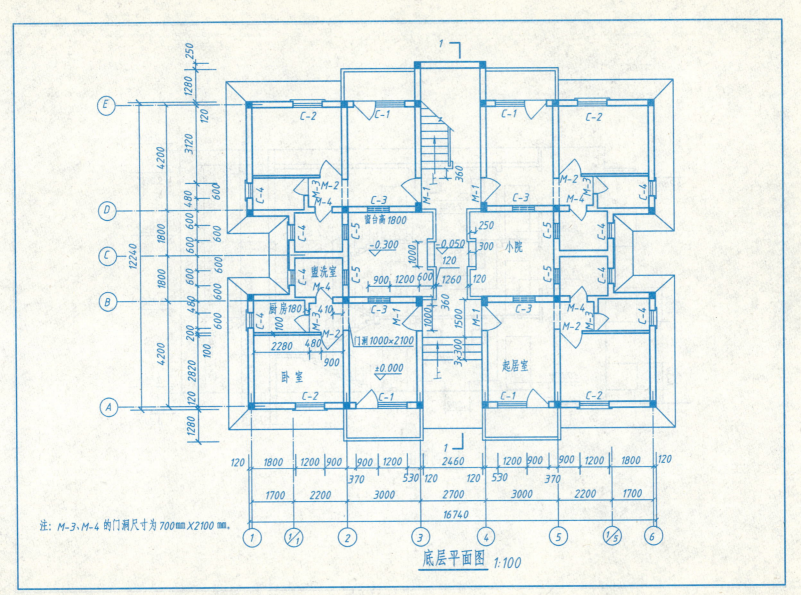

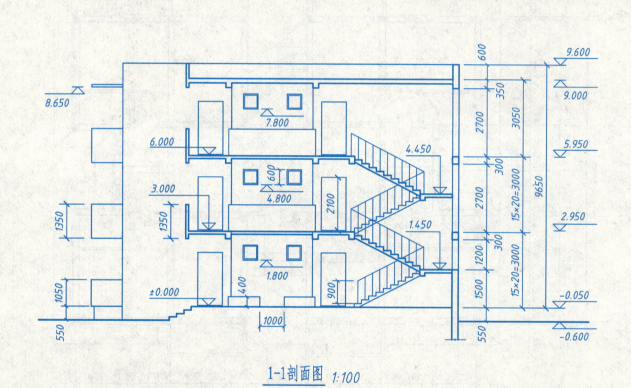

1-1剖面图 1:100

14. 桥梁、涵洞、隧道工程图

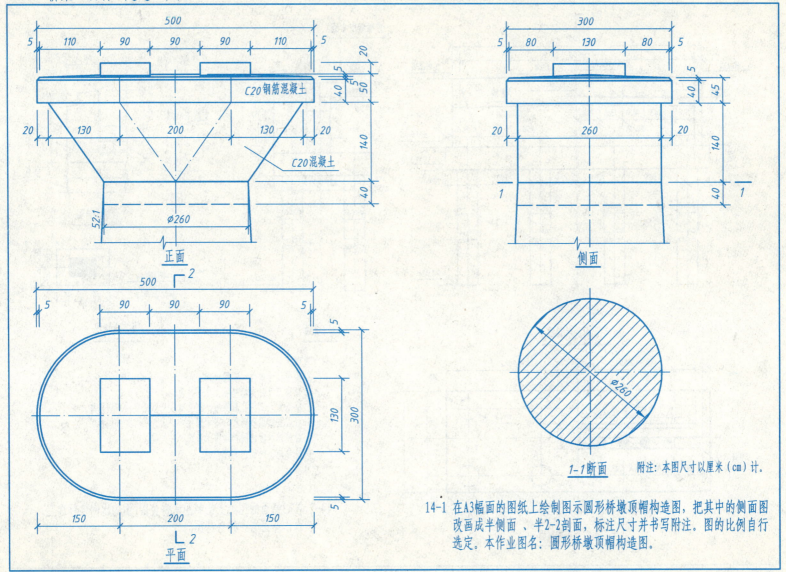

附注：本图尺寸以厘米（cm）计。

14-1 在A3幅面的图纸上绘制图示圆形桥墩顶帽构造图，把其中的侧面图改画成半侧面、半2-2剖面，标注尺寸并书写附注。图的比例自行选定。本作业图名：圆形桥墩顶帽构造图。

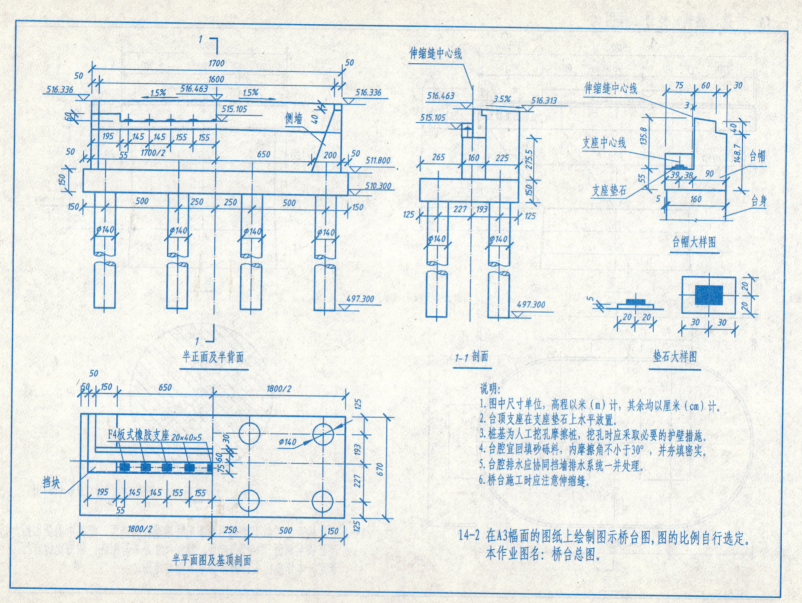

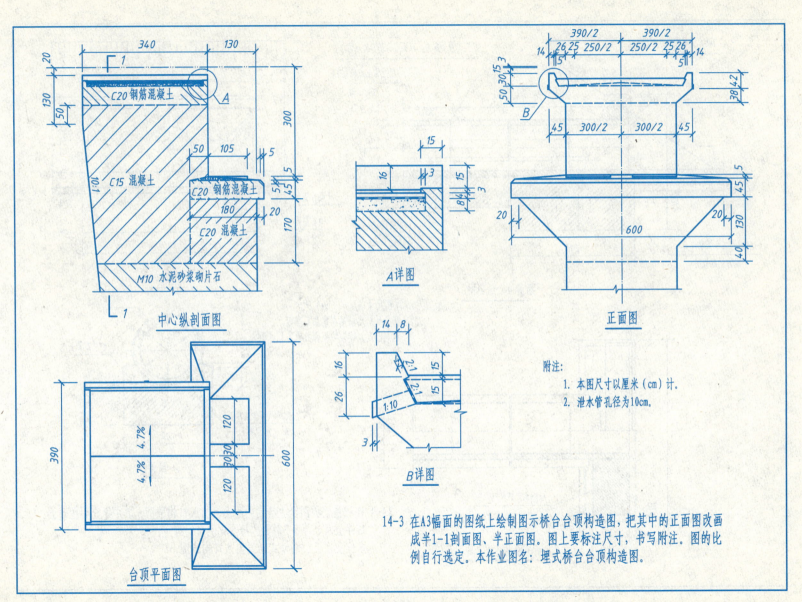

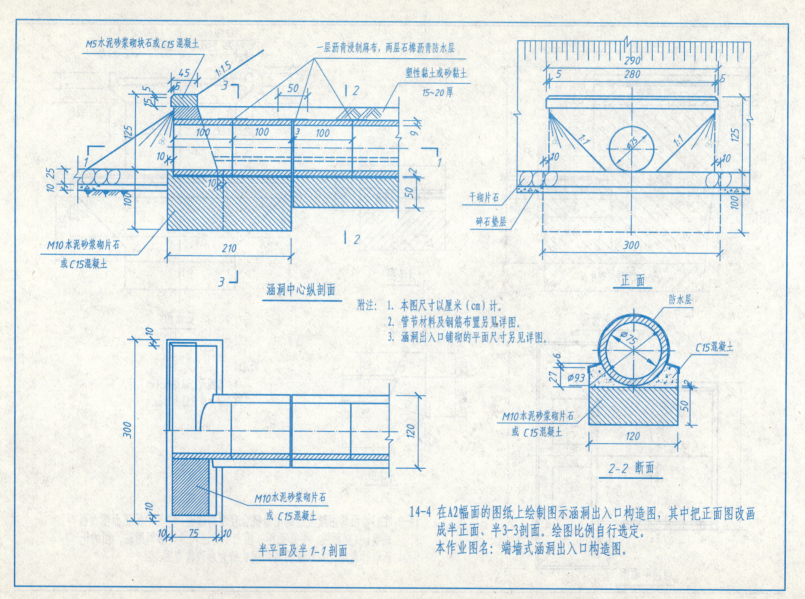

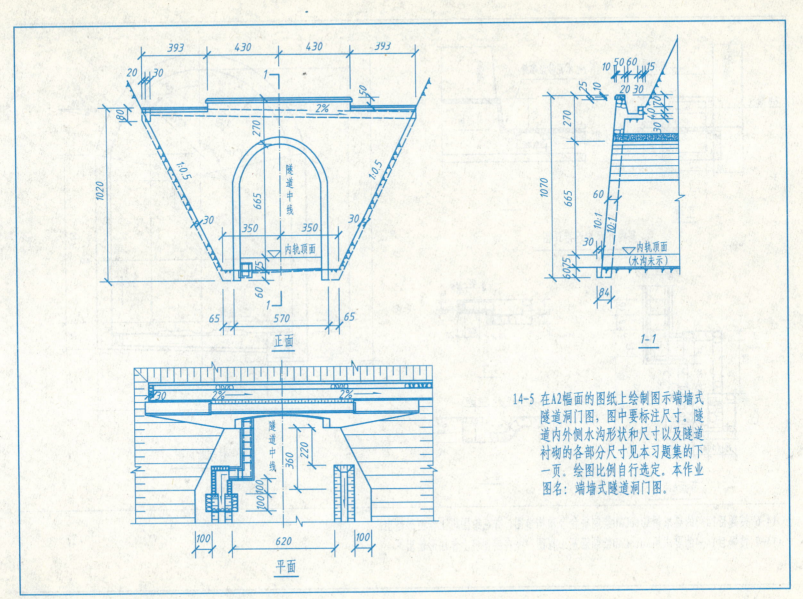

14-5 在A2幅面的图纸上绘制图示端墙式隧道洞门图,图中要标注尺寸。隧道内外侧水沟形状和尺寸以及隧道衬砌的各部分尺寸见本习题集的下一页。绘图比例自行选定。本作业图名:端墙式隧道洞门图。

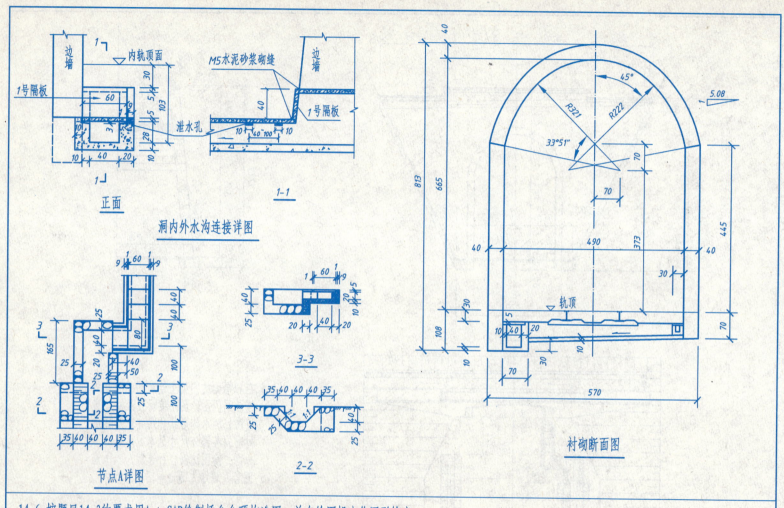

14-6 按题目14-3的要求用AutoCAD绘制桥台台顶构造图,并在绘图机上作图形输出。

14-7 按题目14-4的要求用AutoCAD绘制涵洞工程图,并在绘图机上作图形输出。

15. 水利工程图

15-1 已知墩子的正、俯视图，补作其侧视图，画出每一曲面上的素线，并写出曲面的名称。

(1)

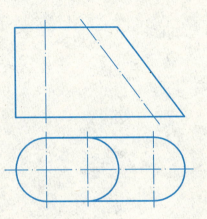

(2)

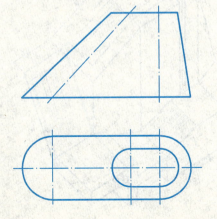

15-2 已知渠道边墙的正、俯视图，补作其侧视图和 A-A 剖面图，画出迎水面边墙曲面上的素线，并写出曲面名称。

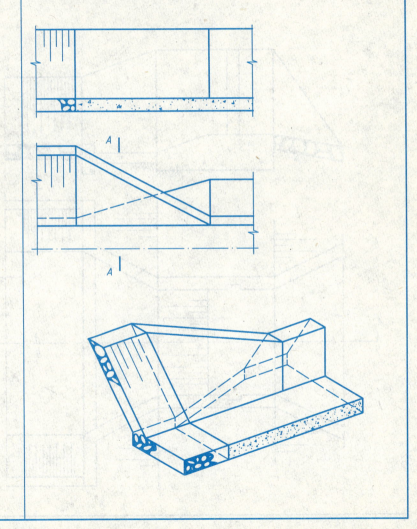

15-3 已知进水闸的平面图和 A-A 纵剖视图，作出 B-B 阶梯剖视图（剖视图中可不画虚线）。

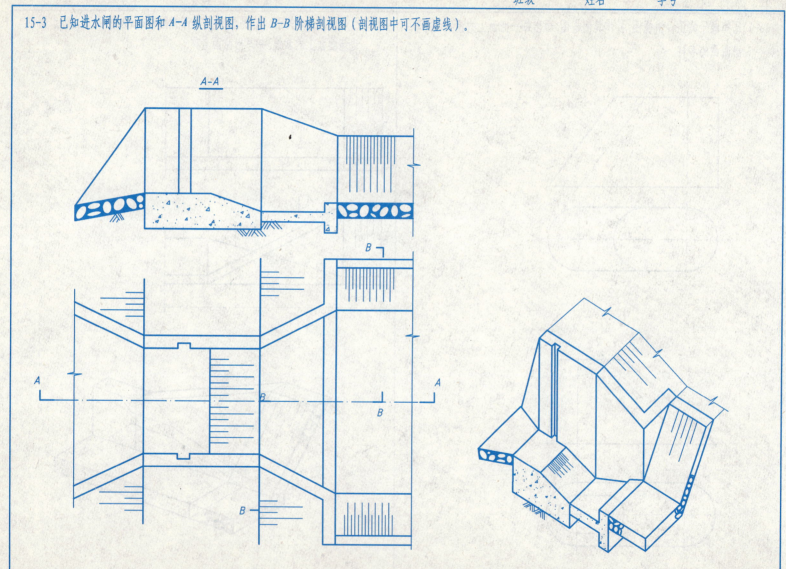

15-4 已知船闸闸首的平面图和 $A-A$ 纵剖视图，作出 $B-B$ 阶梯剖视图。

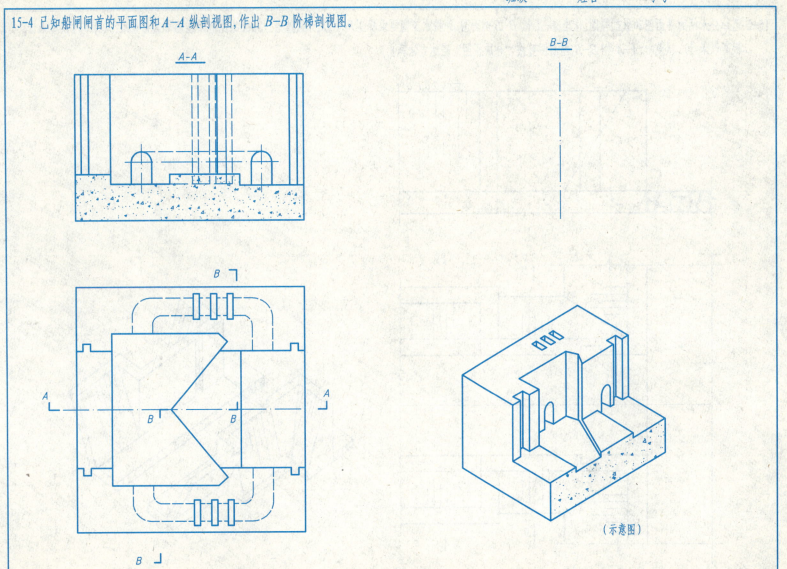

（示意图）

15-5 已知分水闸的平面图和纵剖视图,作出 A–A 和 B–B 剖面图,并按水工图要求标注尺寸(尺寸数值用1:100的比例尺在图中直接量取,尺寸单位以厘米计,标高以米计)。(提示:A–A 和 B–B 剖面图可按"合成视图"表达方法画出)

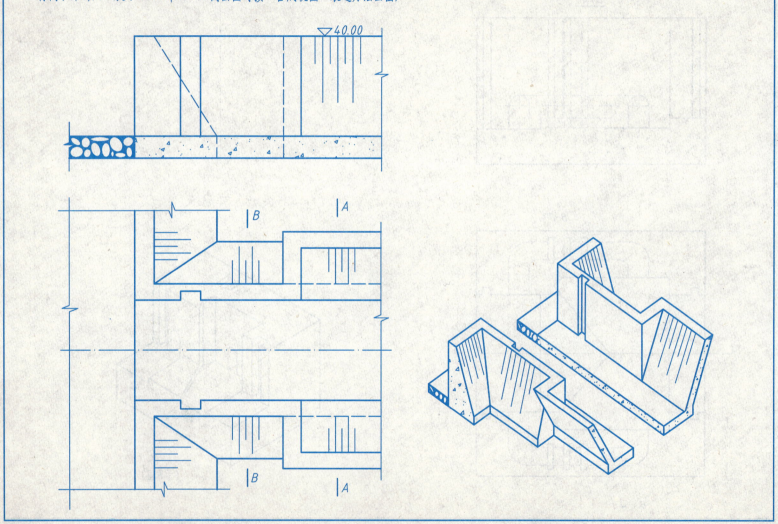

15-6 已知土坝标准(横)剖面图、地形图和作图比例尺, 试按标高投影原理作出土坝的平面图和下游立面图, 并按水工图表达方法画出每个坡面上的示坡线, 标注坝顶和平道的高程。

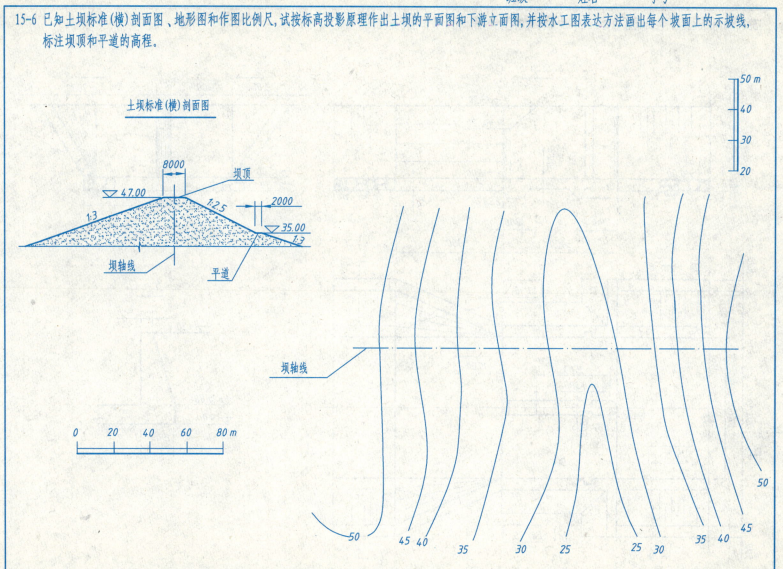

15-7 利用 AutoCAD 在A4幅面内按1∶200的比例绘制已给的进水闸，并作图形输出。

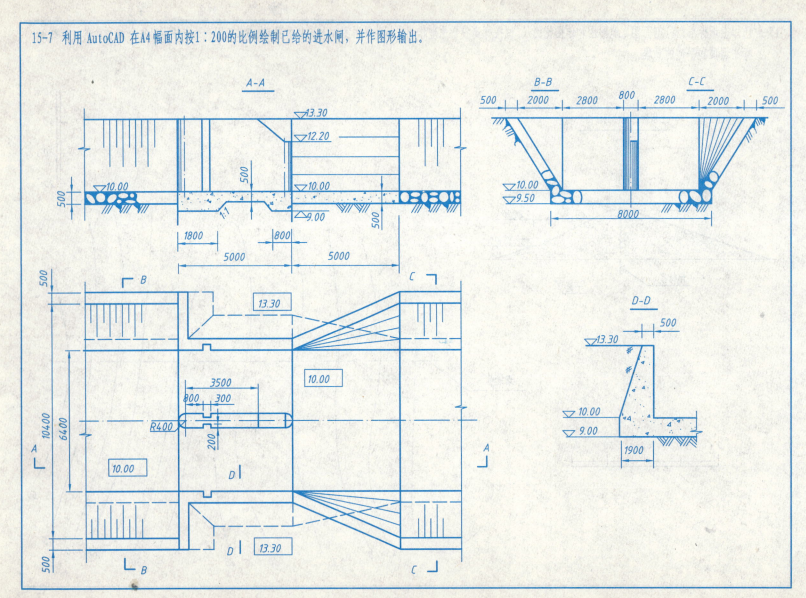